工程测量

谢 艳 陈永生 石 丹 主 编

哈尔滨工程大学出版社
Harbin Engineering University Press

内容简介

本教材是在国家高等职业院校积极践行与创新先进职业教育思想和理念，深入推进“校企合作、工学结合”人才培养模式的大背景下，根据新的教学标准和课程标准组织编写而成的。

本教材以工程测量中的一些基本测量工作和道路专业的测量工作任务为主线，以情境模块来划分内容，主要分为认识测量学、高程测量、平面测量、大比例尺地形图测绘、道路工程测量五个学习情境、十三个工作任务，同时增加了全站仪、数字化成图等新测量技术和道路工程测量的课间实训任务，以任务为导向，将实训环节融入课堂教学，注重技能的培养，集“教、学、做”为一体，具有一定的先进性和实用性。

本书可作为高等职业院校土木建筑类相关专业学生的教材，也可作为土木建筑人员及相关爱好者的学习参考书。

图书在版编目(CIP)数据

工程测量 / 谢艳, 陈永生, 石丹主编. -- 哈尔滨 : 哈尔滨工程大学出版社, 2024. 9. -- ISBN 978-7-5661-4538-3

Ⅰ. TB22

中国国家版本馆 CIP 数据核字第 2024P5A527 号

工程测量

GONGCHENG CELIANG

选题策划 宗盼盼
责任编辑 姜　珊
封面设计 李海波

出版发行 哈尔滨工程大学出版社
社　　址 哈尔滨市南岗区南通大街 145 号
邮政编码 150001
发行电话 0451-82519328
传　　真 0451-82519699
经　　销 新华书店
印　　刷 哈尔滨市海德利商务印刷有限公司
开　　本 787 mm×1 092 mm　1/16
印　　张 12.75
字　　数 347 千字
版　　次 2024 年 9 月第 1 版
印　　次 2024 年 9 月第 1 次印刷
书　　号 ISBN 978-7-5661-4538-3
定　　价 49.80 元

http://www.hrbeupress.com
E-mail:heupress@hrbeu.edu.cn

前　言

国家教育事业发展规划中提出，深化教育教学改革，坚持能力为重，加强创新意识和能力培养，注重学思结合，知行统一，因材施教，加强实践环节培养；同时，特别强调了创新人才培养，提出要加强动手实践教学，加强学生创新意识和能力培养。有鉴于此，本教材为了适应当今时代对高层次建设类人才培养的需求编写而成。

工程测量是高职工程测量技术、道路与桥梁工程技术、道路养护与管理、道路工程检测技术专业的一门必修基础课程，该课程内容与工程实际联系紧密，注重理论知识与实践技能的有机结合、实践内容与现行行业标准紧密结合。

本教材特点如下。

1. 理论与实践一体化

本教材将工程测量中的一些基本测量工作和道桥专业的专业测量工作以情境模块来划分，以任务为导向，将实训环节融入课堂教学，集“教、学、做”为一体，构建以行动导向为主要特点的理论与实践一体化模式。

2. 突出实用性

本教材以适应社会需求为目标，以培养技术能力为主线进行编写。在内容安排上以“够用”为度，以“实用”为准，理论紧密联系实际，深入浅出，按照认知规律兼顾工程实用的原则构建知识结构体系，以保持知识的连贯性和实用性。本教材可为从事道路工程测量工作的人员提供参考。

本教材的编写参考了较多的文献资料，已将其列于参考文献中，在此对这些文献的作者表示感谢。

由于编者水平有限，书中难免存在不妥或错误之处，恳请广大读者批评指正。

编　者

2024 年 5 月

目　　录

学习情境一　认识测量学 …… 1
情境概述 …… 1
工作任务一　认识测量学 …… 1
学习情境二　高程测量 …… 16
情境概述 …… 16
工作任务一　水准仪使用 …… 16
实操一　自动安平水准仪的认识与使用 …… 27
工作任务二　等外水准测量 …… 29
实操二　普通水准测量 …… 38
工作任务三　高程控制测量 …… 40
实操三　三、四等水准测量 …… 48
学习情境三　平面测量 …… 51
情境概述 …… 51
工作任务一　平面测量仪器使用 …… 51
实操一　全站仪的基本操作与使用 …… 69
实操二　测回法观测水平角 …… 70
实操三　竖直角观测 …… 72
实操四　全站仪各项使用 …… 73
工作任务二　平面控制测量 …… 76
实操五　全站仪导线测量 …… 93
工作任务三　控制点加密 …… 95
学习情境四　大比例尺地形图测绘 …… 103
情境概述 …… 103
工作任务一　测图数据采集 …… 103
实操一　全站仪大比例尺数字测图 …… 120
工作任务二　地形图成图 …… 122
实操二　数字地形图成图 …… 139

工作任务三　地形图应用 …… 140
学习情境五　道路工程测量 …… 154
情境概述 …… 154
工作任务一　道路中线测量 …… 154
实操一　道路圆曲线测设 …… 177
工作任务二　道路纵断面测量 …… 178
实操二　道路纵断面测量 …… 186
工作任务三　道路横断面测量 …… 188
实操三　道路横断面测量 …… 194
参考文献 …… 196

学习情境一　认识测量学

情境概述

一、职业能力分析

(1)掌握测量学的分类。
(2)了解测量工作的原则和程序。
(3)掌握地面点位的定位原理和坐标系。
(4)掌握测量学误差的原理。

二、学习情境描述

教师通过一系列前期讲述,引出坐标系概念,并使学生熟练掌握各种坐标系定点位的原理和方法,以及测量学的工作原则及测量学误差的相关知识。

三、教学环境要求

学习情境要求在理实一体化专业教室完成,需有可以用于查询资料的电脑、任务工作单、多媒体教学设备、课件和视频教学资料等。

学生每6人一个小组,各组独立完成相关的工作任务,并在教学完成后提交任务工作单。

工作任务一　认识测量学

一、任务概述

(一)应知应会

通过本工作任务的学习与具体实施,学生应学会下列知识。
(1)测量学的分类。
(2)测量学空间点的定位。
(3)测量学的误差原理。

(4)测量工作的原则。

通过本工作任务的学习与具体实施,学生应掌握下列技能。

(1)各种平面坐标定位原理。

(2)高程定位原理。

(3)测量工作的原则和误差分析。

(二)学习要求

(1)学生在上课前,应到本课程的网站中预习本工作任务的相关内容。

(2)本课程采用理实一体化的模式组织教学,学生在学习过程中,要注重理论与实践的结合,提高自己的动手能力。

(3)每个工作任务学习结束后,学生应独立完成任务工作单的填写。

二、相关知识

(一)认识测量学

测量学是一门研究如何确定地球的形状、大小和地球上各种物体的几何形态及其空间位置,以及将规划设计的点和线在实地上定位的学科。

它的主要任务包括两个部分:测绘和测设。测绘是指用测量仪器和工具,通过测量和计算将地球上的地物与地貌的位置按一定的比例尺、规定的符号缩小绘制成地形图,供科学研究和工程建设规划设计使用。测设,又称施工放样,也就是把图纸上规划设计好的建筑物、构筑物的位置在地面上用特定的方式标定出来,作为施工的依据。

测量学的研究内容较广泛,在发展中产生了许多分支,并形成了许多相对独立的学科,有大地测量学(常规大地测量学和卫星大地测量学)、地形测量学(又称普通测量学)、摄影测量学、遥感测量学、海洋测量学、矿山测量学、地图制图学、工程测量学等。

工程测量学是研究工程建设在规划设计、施工放样和运营管理各阶段的测量理论与技术的学科,是测量学在国民经济和国防建设中的直接应用。而现代工程测量学已经远远突破了为工程建设服务的狭隘概念,向着“广义工程测量学”发展,其发展的趋势和特点可以概括为“六化”和“十六字”。

“六化”是测量内、外业作业的一体化,数据获取及处理的自动化,测量过程控制和系统行为的智能化,测量结果和产品的数字化,测量信息管理的可视化,信息共享和传播的网络化。“十六字”是精确、可靠、快速、简便、连续、动态、遥测、实时。

工程测量学在道路、桥梁和隧道工程建设中有着广泛的应用。公路工程测量是指公路建设在设计、施工和管理等各阶段所进行的各种测量工作。公路在自然界是供汽车等交通运输工具运行的结构物,其具体位置受到社会经济、自然地理和技术条件等因素的约束。要建设一条能体现安全、迅速、经济、美观的公路,必须在调查研究、实地测量、掌握大量基础资料的前提下,设计出具有一定技术标准、满足交通运输要求、经济合理的方案,然后经过现场施工而完成。其中实地测量获取资料、施工测量保证设计方案的准确实施是至关重要的。首先,进行路线勘测,即在路线可能经过的范围内布设控制点,进行控制测量,测绘路线带状地形图、纵断面图,收集沿线地质、水文、资源等资料,作为纸上定线、编制比较方案和初步设计的依据；其次，根据测量得到的数据资料进行路线选线，确定路线方案后，还要进行路线的详细测设，也就是进行路线的中线测量、纵断面测量、横段面测量和有关调查测量等，以便为路线设计提供准确、详细的外业资料；最后，公路经过技术设计后，其平面线形、纵坡、横断面及其他内容等，就有了设计图纸和数据，据此即可以进行公路施工。施工前，需要恢复中线，公路中线定测后，一般要经过一段时间才能施工，在这段时间内，部分标志桩被破坏或丢失，因此，施工前必须进行一次复测工作，以恢复公路中线位置，要将已经设计好的路线、桥涵和隧道等构造物的图纸中的各元素，按规定的精度准确无误地测设于实地，即施工前必须进行的施工放样测量。施工过程中，要经常通过各种测量来检查工程的进度和质量。在工程结束后，还要用测量来检查竣工情况，即进行竣工验收，并通过必要的测量来编制竣工图，以满足工程的验收、维护、加固以及扩建的需要。

当然，在投入使用后的营运阶段，还要应用测量进行一些常规检查和定期变形观测，进行必要的养护和维修，以确保公路、桥梁和隧道及沿线设施等构造物的安全使用。

（二）认识地球形状和大小

测量工作是在地球的自然表面上进行的，而地球的自然表面有高山、丘陵、平原和海洋等，其形状高低不平，很不规则。为了确定地面点的位置和绘制地形图，就有必要把直接观测到的数据结果整合到一个参考面上，而这个参考面必须尽可能与地球形体的表面相吻合，因此我们有必要认识地球的形体和与测量有关的坐标系的问题。

1. 水准面

设想有一个静止的海水面，向陆地延伸而形成一个闭合的曲面，这样的海水面称为水准面。由于受到地球重力的影响，水准面形成重力等势面，这是一个处处与重力方向垂直的连续曲面。海水有潮汐，海水面时高时低，因此，水准面有无数个。

2. 大地水准面

在无数个水准面中，我们将其中一个与平均海水面相吻合的水准面称为大地水准面。

3. 大地体

由大地水准面所包围的地球形体称为大地体，它代表了地球的自然形状和大小，如图 1-1 所示。

用大地体表示地球的形状是比较恰当的，但是由于地球内部质量分布不均匀，引起局部重力异常，使得大地水准面上也有微小起伏，成为一个复杂的曲面，因此无法在这个复杂的曲面上进行测量数据的处理。为了测量工作的方便，通常用一个非常接近于大地体，并可用数学公式表示的几何形体来代替地球的形状作为测量计算工作的基准，这一几何形体称为地球椭球，它由一个椭球绕其短轴旋转而成，也称为旋转椭球体。

目前我国采用的是 1975 年国际大地测量学与地球物理学联合会推荐的椭球，称为“1980 年国家大地坐标系”，其大地原点位于陕西省泾阳县永乐镇。

旋转椭球体的形状和大小可由长半轴 a（或短半轴 b）和扁率 α 来表示。该椭球的基本元素如下。

长半轴：$a=6\ 378.140$ km。

短半轴：$b=6\ 356.755$ km。

扁率：$\alpha=\dfrac{a-b}{a}\approx\dfrac{1}{298.257}$。

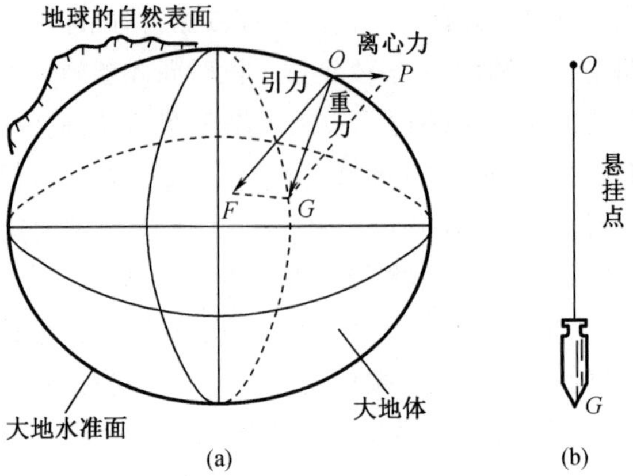

图 1-1　大地体

由于旋转椭球体的扁率很小，因此当测区范围不大时，可近似地把旋转椭球体作为圆球，其半径近似值为 6 371 km。

(三)认识平面坐标系统和高程系统

测量工作的基本任务是确定地面点的空间位置。在工程测量中，确定地面点的空间位置通常需要三个量，即该点在一定坐标系下的三维坐标、该点的二维球面坐标或投影到平面上的二维平面坐标，以及该点到大地水准面的铅垂距离(高程)。

1. 平面坐标系统

(1)大地坐标系

用大地经度 L、大地纬度 B 表示地面点投影到旋转椭球面上的位置坐标，称为大地坐标系，如图 1-2 所示。

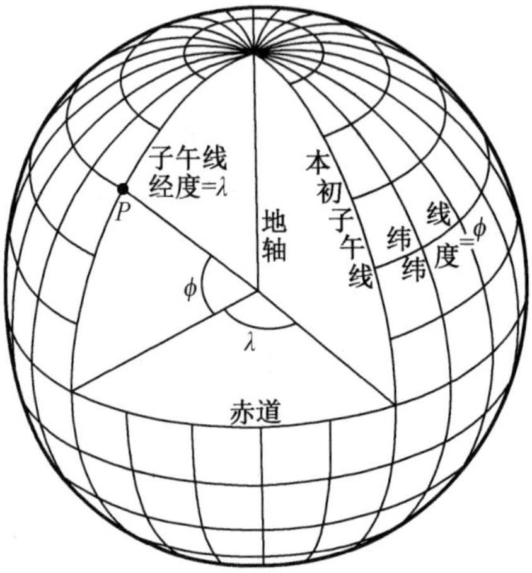

图 1-2　大地坐标系

大地经度 L 是过地面任一点 P 的子午面与起始子午面间的夹角。它的取值范围是 0°~±180°，由起始子午面起，向东为正，称为东经，向西为负，称为西经。

大地纬度 B 是过地面任一点 P 的法线与赤道面的夹角。它的取值范围是 0°~±90°，由赤道面起算，向北为正，称为北纬，向南为负，称为南纬。

我国的疆域位于赤道以北的东半球，所以各地的大地经度 L 和大地纬度 B 都是正值。

(2)独立平面直角坐标系

在小区域内进行测量工作，通常采用独立平面直角坐标系。

①独立坐标系

在没有国家控制点或不便于与国家控制点联测的小地区测量中，允许暂时建立独立坐标系以保证测绘工作的顺利开展。

②测量坐标系与数学坐标系

测量工作中所采用的平面直角坐标系与数学中坐标系相似，只是坐标轴互易。如图 1-3 所示，在测量坐标系中 X 表示 P 点 N(北)方向的坐标；Y 表示 P 点 E(东)方向的坐标。

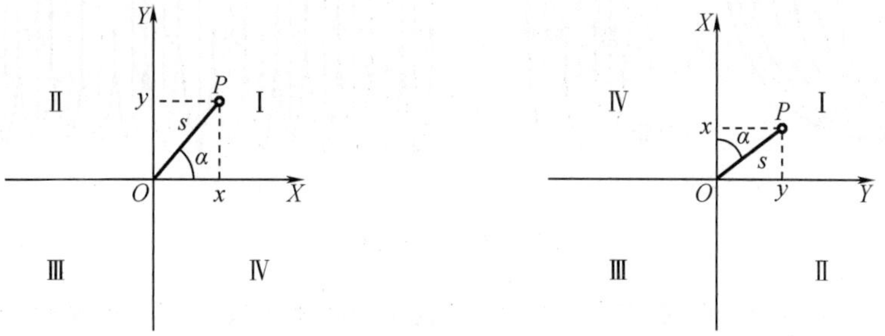

(a)数学坐标系　　(b)测量坐标系

图 1-3　数学坐标系与测量坐标系

(3)高斯(Gauss)平面直角坐标系

如果测区范围较大，就不能再将地球表面当作平面看待，但人们在规划、设计和施工中又习惯使用平面图来反映地面形态，而且在平面上进行计算和绘图要比在球面上方便得多。这样就产生了如何将球面上的物体转换到平面上的投影变换问题，在测量工作中常采用高斯—克吕格投影，简称高斯投影的方法来解决。

在工程测量中，常将椭球坐标系按一定的数学法则投影到平面上成为平面直角坐标系。为满足工程测量及其他工程的应用，我国采用高斯投影。高斯投影是将截面为椭圆的一个柱面横套在旋转椭球外面，并与旋转椭球面上某一条子午线相切，同时使椭圆柱的轴位于赤道面内，且通过椭球中心，相切的子午线称为高斯投影面上的中央子午线，将旋转椭球面上的点投影到横椭圆柱面上，然后将椭圆柱面沿过南极、北极的母线剪开，伸展为平面，如图 1-4 所示。

①分带投影

高斯投影保持了投影前后图形的等角条件，但除了中央子午线投影后为一直线，且长度不变外，其他长度都产生变形，且离中央子午线越远，变形越大。必须对长度变形加以限制，限制的方法就是采用分带投影，如图 1-5 所示。

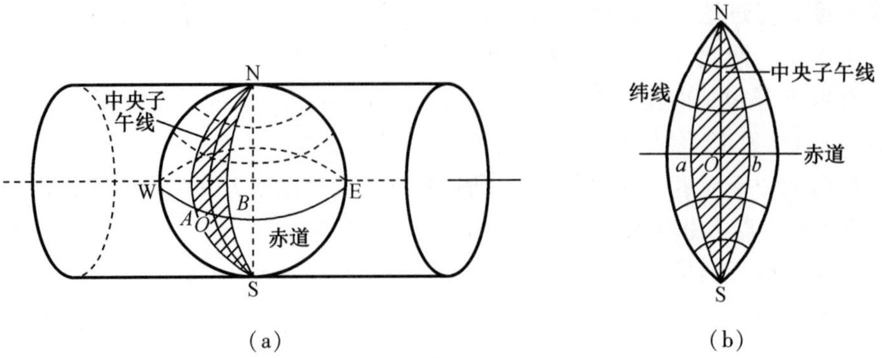

图 1-4　高斯投影

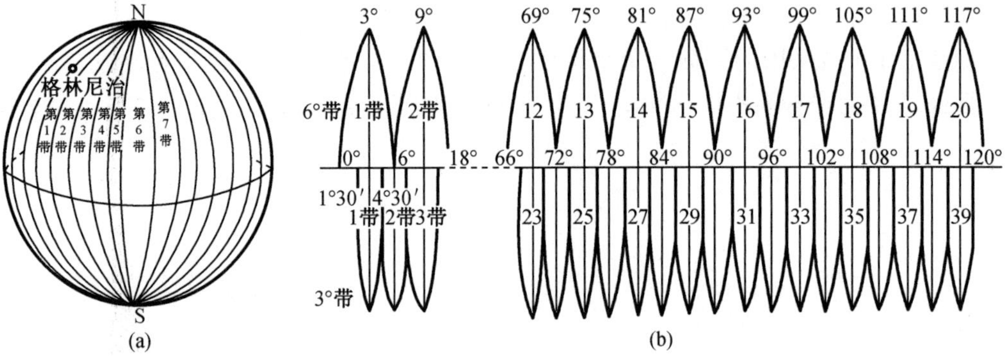

图 1-5　分带投影

6°带：将地球共分 60 个带，带宽 6°，编号为 1～60；自起始子午面（格林尼治）起，自西向东每隔经差 6°划分一带，则每带中央子午线的经度 L_0 依次为 3°，9°，15°，…，357°。带号 n 与中央子午线经度的关系为 $L_0=6n-3$。

3°带：自东经 1.5°开始每隔经差 3°划分一带，将地球共分 120 个带，带宽 3°，编号为 1～120；各带的中央子午线的经度 L_0 依次为 3°，6°，9°，…，360°，带号 k 与中央子午线经度的关系为 $L_0=3k$，如图 1-5 所示。

我国经度为 75°～135°，在 6°带中的带号为 13～23 带，在 3°带中的带号为 25～45 带，两者之间无重叠带号。不难看出，3°带的中央子午线经度有一半与 6°带的中央子午线经度相同，另一半是 6°分带的中央子午线经度。

②高斯投影特性

a. 投影后角度大小保持不变。

b. 投影后长度变形只与点的位置有关，而与方向无关。

c. 中央子午线投影后为一直线，且长度不变。

③高斯平面直角坐标系

中央子午线与赤道投影后为两条正交的直线，相交于 O 点，称为坐标原点，以每一带的中央子午线为纵坐标轴，用 x 表示，赤道以北为正，赤道以南为负；以赤道为横坐标轴，用 y 表示，中央子午线以东为正，中央子午线以西为负。这样，各带就构成了独立的平面直角坐标系，称为高斯-克吕格平面直角坐标系，简称高斯平面直角坐标系。

我国位于北半球，纵坐标均为正值，而横坐标则有正有负，这种以中央子午线为纵轴确定的坐标值为自然值。

为了避免横坐标出现负值和表明坐标系所处的带号，我国规定将坐标中所有点的横坐标值加上 500 km，并在前面冠以带号，这种经过处理后得到的点的横坐标称为通用值，如图1-6所示。

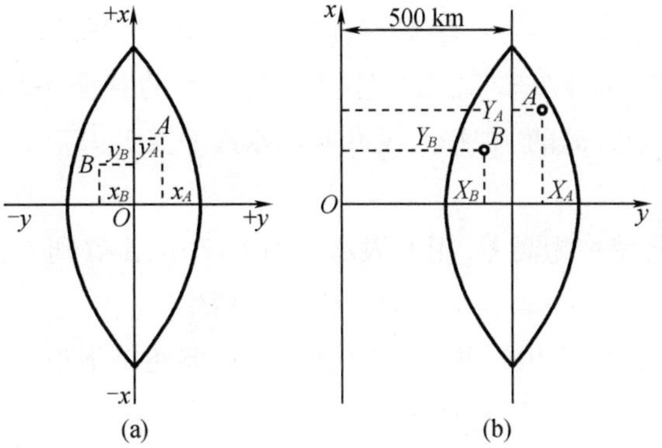

图 1-6　高斯平面直角坐标系

【例】　在图 1-6(a)中，自然值为

$$y'_A=+36\ 210.140\ \text{m},\ y'_B=-41\ 613.070\ \text{m}$$

在图 1-6(b)中，通用值为

$$y_A=38\ 536\ 210.140\ \text{m},\ y_B=38\ 458\ 386.930\ \text{m}$$

2. 高程系统

为了确定地面点的空间位置，除了要确定其在基准面上的投影位置外，还应确定其沿投影方向到基准面的距离，即确定地面的高程。

(1)高程

地面点沿铅垂线到大地水准面的距离，称为该点的绝对高程或海拔，简称高程，以 H 表示，如图 1-7 所示。

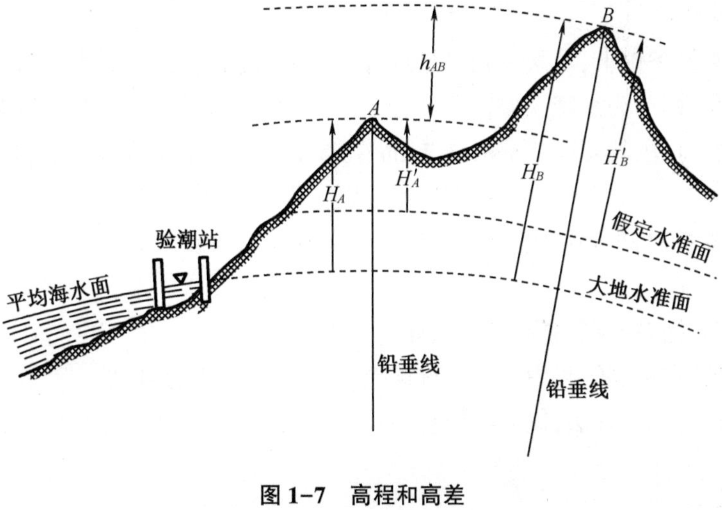

图 1-7　高程和高差

如果基准面不是大地水准面，而是任意假定水准面时，则点到假定水准面的距离称为相对高程或假定高程，用 H' 表示。

高程值有正有负，在基准面以上的点，其高程值为正，反之为负。

(2)我国水准原点

为了统一全国的高程系统，我国采用与黄海平均海水面相吻合的大地水准面作为全国高程系统的基准面，设该面上各点的绝对高程(海拔)为零。我国现在采用的是“1985 年国家高程基准”，即以 1953—1979 年观测的验潮资料计算的黄海平均海水面作为高程基准面，其高程起算点是位于青岛的“中华人民共和国水准原点”，其高程值为 72.260 4 m。

(3)高差

相邻两点的高程之差称为高差，用 h 表示。图 1-7 中，A 点到 B 点的高差为

$$h_{AB}=H_B-H_A=H'_B-H'_A$$

高差有正负之分，它反映相邻两点间的地面是上坡还是下坡，如果高差为正，是上坡；高差为负，是下坡。

(四)认识测量误差

1. 测量误差产生的原因

在测量工作中，大量实践表明，当对某一观测量进行多次观测时，无论仪器多么精密，观测多么仔细，外界条件多么理想，观测值之间总是存在着差异，这个现象说明测量结果不可避免地存在着误差。产生误差主要有以下三个方面的原因。

(1)仪器设备：测量工作是利用测量仪器进行的，而每一种测量仪器都具有一定的精确度，因此测量结果会受到一定的影响。

(2)观测者：由于观测者的感觉器官的鉴别能力存在一定的局限性，所以对于仪器的对中、整平、瞄准、读数等操作都会产生误差。

(3)外界环境：观测时所处的外界环境中的温度、风力、大气折光、湿度、气压等客观情况时刻在变化，也会使测量结果产生误差。

2. 测量误差的分类和处理办法

(1)系统误差

在相同的观测条件下，对某一观测量进行系列的观测，若误差的大小及符号相同，或按一定的规律变化，则称为系统误差。例如，用一名义为 30 m 长，而实际长度为 30.007 m 的钢尺量距，每量一尺段就要少 7 mm，该 7 mm 在数值和符号上都是固定的，且尺段数具有累积性。

由于系统误差对测量结果具有累积性，应尽可能消除或限制到最低，其常用的处理方法有以下几种。

①检校仪器，把系统误差降到最低，如校正水准管等。

②加改正数，在观测结果中加入系统误差改正数，如尺长改正等。

③采用适当的观测方法，使系统误差相互抵消或减弱，如测角时采用盘左、盘右观测以消除误差等。

(2)偶然误差

在相同的观测条件下,对观测量进行一系列的观测,大量的观测数据表明,误差出现的大小及符号在个体上没有任何规律,具有偶然性。但从总体上看,误差的取值范围、大小和符号却服从一定的统计规律,这类误差称为偶然误差,或称为随机误差。例如,观测者在估读水准尺的毫米数时,可能估大,也可能估小。

①对大量数据进行统计学分析后,可以归纳出偶然误差的特性,如图 1-8 所示。

a. 有限性:在一定的观测条件下,偶然误差的绝对值不会超过一定的限值。

b. 集中性:绝对值小的偶然误差出现频率大,绝对值大的偶然误差出现频率小。

c. 对称性:绝对值相等的正、负误差出现的频率大致相等。

d. 抵偿性:当观测次数无限增大时,偶然误差的算术平均值趋近于零,即偶然误差具有抵偿性。

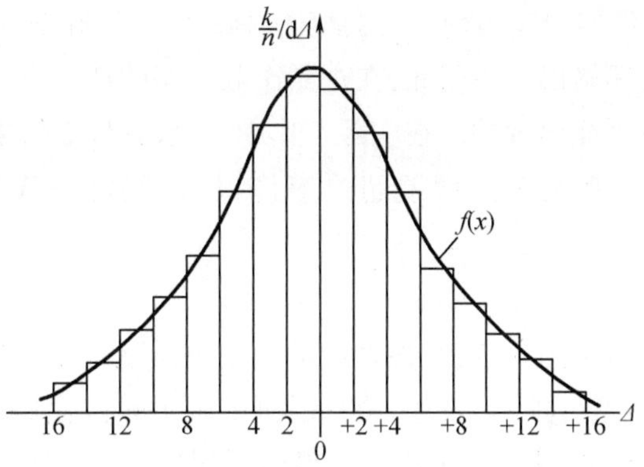

图 1-8　偶然误差的特性

②减弱办法如下。

由于偶然误差不可避免,根据上述特性,我们通常采用以下办法提高观测精度。

a. 提高仪器等级:可使观测值的精度得到有效提高,从而限制偶然误差的大小。

b. 降低外界影响:选择有利的观测时机和观测环境,避免不稳定因素的影响,以减小观测值的波动。

c. 提高观测人员的技术修养和实际技能:严格按照技术标准和要求操作测量程序,稳、准、快地获取观测值。

d. 进行多余观测:在测量工作中进行多于必要观测的观测,称为多余观测。有了多余观测,就可以发现观测值的误差,根据差值的大小,可以评定测量的精度。如果差值大到一定程度,就认为误差超限,应予重测。

需要注意的是,观测中应避免出现粗差,即由观测者本身疏忽造成的误差,如读错、记错。粗差不属于误差范畴,是可以避免的。

3. 评定精度的标准

掌握了误差的特性,就能根据带有误差的观测值求出未知量的最可靠值,并衡量其精度。所谓精度,就是指误差分布的离散程度。为了对测量结果的精确程度做出评定,有必要建立一种评定精度的标准,通常用中误差、容许误差和相对误差来表示。

(1)中误差

设在相同观测条件下,对真值为 X 的一个未知量 l 进行 n 次观测,观测值结果为 l_1,l_2,…,l_n,每个观测值相应的真误差(真值与观测值之差)为 Δ_1,Δ_2,…,Δ_n。以各个真误差平方和的平均数的平方根作为精度评定的标准,用 m 表示,称为观测值中误差。因中误差能明显反映出较大误差对测量结果可靠程度的影响,中误差越小表示该组观测值中绝对值小的误差越大,所以成为被广泛采用的一种评定精度的标准。中误差的公式为

$$m=\pm\sqrt{\frac{\Delta^2}{n}}$$

(2)容许误差

由偶然误差第一个特性可知,在一定的观测条件下,偶然误差的绝对值不会超过一定的限值。根据误差理论和大量的实践证明,大于 2 倍中误差的偶然误差出现的机会仅有 5%,大于 3 倍中误差的偶然误差出现的机会仅为 3‰,即大约在 300 次观测中,才可能出现一个大于 3 倍中误差的偶然误差。因此,在观测次数不多的情况下,可认为大于 3 倍中误差的偶然误差实际上是不可能出现的。在实际工作中,一般常以 2 倍中误差作为容许误差值。

在测量工作中,如某观测量的误差超过容许误差,就可以认为它是错误的,应舍去不用。

(3)相对误差

在测量工作中对于精度的评定,在很多情况下用中误差这个标准是不能完全描述某观测量的精度的。例如,用钢卷尺丈量了 100 m 和 1 000 m 两段距离,其观测值中误差均为±0.1 m,若以中误差来评定精度,显然就要得出错误结论,因为量距误差与其长度有关,为此需要采取另一种评定精度的标准,即相对误差。相对误差是指绝对误差的绝对值与相应观测值之比,通常以分子为 1、分母为整数形式表示,即

$$相对误差=\frac{误差的绝对值}{观测值}=\frac{1}{T}$$

相对误差常用于距离丈量的精度评定,而不能用于角度测量和水准测量的精度评定,这是因为后两者的误差大小与观测角度、高差的大小无关。

(五)认识测量工作原则

1.测量的基本工作

地球表面的各种形态很复杂,可以分为地物和地貌两大类。地球表面的固定性物体称为地物,如房屋、公路、桥梁、河流等;地面上的高低起伏形态称为地貌,如山岭、谷地等。地物与地貌统称为地形。测量的任务就是要测定地形的位置并把它测绘在图纸上。

如图 1-9 所示,A、B、C、D、E 为地面上高低不同的一系列点,构成空间多边形 $ABCDE$,图下方为水平面。从 A、B、C、D、E 分别向水平面作铅垂线,这些铅垂线的垂足在水平面上构成多边形 $abcde$,水平面上各点就是空间相应各点的正射投影;水平面上多边形的各边就是各空间斜边的正射投影;水平面上的角就是包含空间两斜边的两面角在水平面上的投影。地形图就是将地面点正射投影到水平面上后再按一定的比例尺缩绘至图纸上而形成

的。由此看出,地形图上各点之间的相对位置是由水平距离 D、水平角 β 和高差 h 决定的,若已知其中一点的坐标(x,y)和过该点的标准方向及该点高程 H,则可借助 D、β 和 h 将其他点的坐标和高程算出。因此,不论进行何种测量工作,下列基本要素都是在实地要测量的。

(1)距离(水平距离或斜距)。

(2)角度(水平角和竖直角)。

(3)直线的方向。

(4)高程(高差)。

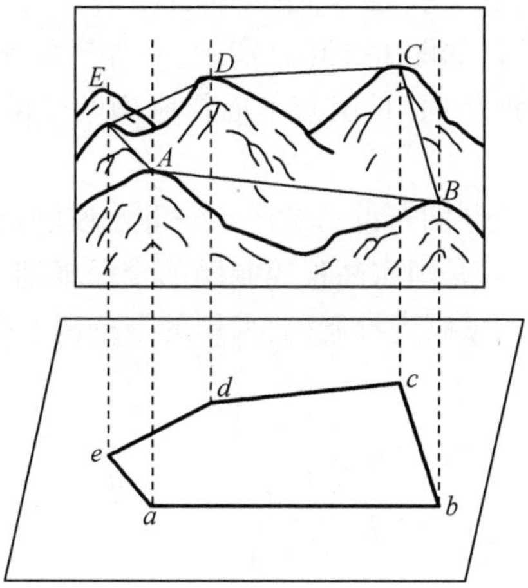

图 1-9　测量工作的任务

2. 测量工作的原则

地物和地貌的形状与大小都是由一些特征点的位置所决定的。这些特征点又称为碎部点,测量时,主要就是测定这些碎部点的平面位置和高程。当进行测量工作时,不论用何种方法,使用何种测量仪器,测量结果都会有误差。为了防止测量误差的积累,提高测量精度,在测量工作中,必须遵循分级原则和检核原则。

(1)分级原则

分级原则要求遵循"先控制后碎部、从整体到局部、从高级到低级"的测量程序。即先在测区范围内选定一些对测量全局具有控制作用的点,用高一级精度的仪器和方法测定其空间位置,然后以这些控制点为已知点进行碎部点的测量。这些控制点所组成的图形称为控制网。这个原则的目的是减少误差累计。

(2)检核原则

检核原则要求前一步测量工作未做检核,不进行下一步测量。当控制点数据有错误时,以此为基础测定的碎部点位置就必然有错误,因此测量中必须进行严格的检核,以防止错误发生,从而保证测量结果的正确性。

3. 测量控制网

在测量工作中,为了限制误差的传播范围,满足测设的精度要求,我们必须遵循"先控制后碎部、从整体到局部、从高级到低级"的原则,先在测区内选定一些对整体具有控制作用的点(称为控制点),并依此建立控制网。用较精密的仪器和方法测定控制点的平面位置和高程,然后根据控制网进行碎部测设。

控制网分为平面控制网和高程控制网两种。测定控制点平面位置(x,y)的工作,称为平面控制测量,测量方法主要采用导线测量、三角测量;测定控制点高程(H)的工作,称为高程控制测量,测量方法主要采用水准测量和三角高程测量。

控制网按地域大小又分为国家控制网、城市控制网、小地区控制网。

(1)国家控制网

在全国范围内统一建立的控制网,称为国家控制网。它是全国各种比例尺测图的基本控制,并为确定地球的形状和大小、军事科学及地震预报等提供研究资料。

国家平面控制网分为一、二、三、四等,主要通过精密三角测量的方法,按照先高级、后低级,逐级加密的原则建立的。如图 1-10(a)所示,一等三角锁是国家平面控制网的骨干;二等三角锁布设于一等三角锁环内,是国家平面控制网的全面基础;三等三角锁为二等三角锁的进一步加密。

图 1-10(b)是国家高程控制网布设示意图。一等水准网是国家高程控制网的骨干;二等水准网布设于一等水准环内,是国家高程控制网的全面基础;三、四等水准网为国家高程控制网的进—步加密。建立国家高程控制网,采用的是精密水准测量方法。

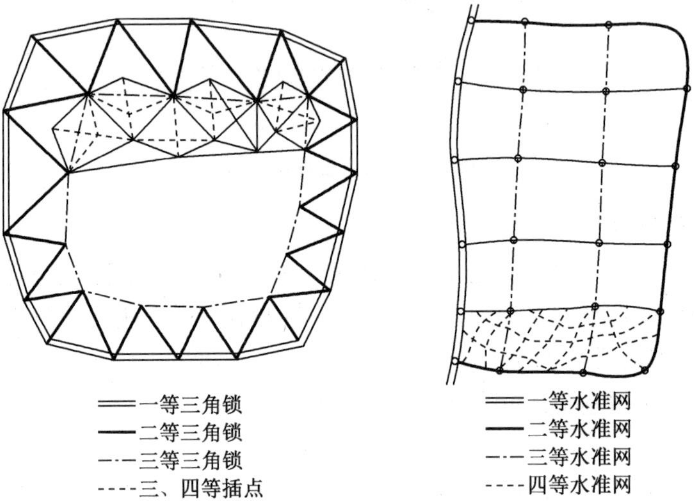

(a)国家平面控制网　　(b)国家高程控制网

图 1-10　国家控制网

近年来,随着科学技术的不断发展,全球定位系统(GPS)在工程测量中已经得到了广泛应用。我国已完成“2000 国家 GPS 控制网”。该控制网是在原有的国家测绘地理信息局布设的高精度 GPS A、B 级网,中国人民解放军总参谋部测绘导航局(以下简称“总参测绘局”)布设的 GPS 一、二级网,中国地震局、总参测绘局、中国科学院、国家测绘地理信息局共建的中国地壳运动观测网这三大 GPS 观测网的基础上布设而成的。该控制网整合了上述三个大型的、有重要影响力的 GPS 观测网的成果,共 2 609 个点。通过联合处理将其归于一个坐标参考框架,形成了紧密的联系体系,可满足现代测量技术对地心坐标的需求,同时为建立我国新一代的地心坐标系统打下了坚实的基础。

(2)城市控制网

为城市及各种工程建设需要的平面控制网称为城市平面控制网。城市平面控制网应在国家控制点的基础上,根据测区的大小、城市规划和施工测量的要求,布设成不同的等级,以供测绘大比例尺地形图及施工测量使用。

城市平面控制网分为二、三、四等和一、二级小三角网,或一、二、三级导线网。最后再布设为测绘大比例尺图所用的图根小三角和图根导线。

城市高程控制网分为二、三、四等,在四等以下再布设为测绘大比例尺图用的图根水准点。

(3)小地区控制网

在小于 15 km^2 范围内建立的控制网,称为小地区控制网。建立小地区控制网时,应尽量与国家(或城市)已建立的高级控制网连测,将高级控制点的坐标和高程作为小地区控制网的起算与校核数据。如果周围没有国家(或城市)控制点,或附近有这种高级控制点而不便连测时,也可建立独立控制网。此时控制网的起点坐标可自行假定,作定向用的坐标方位角也可用测区中央的磁方位角代替。

小地区平面控制网,应根据测区面积的大小和精度要求分级建立。在全测区范围内建立的精度最高的控制网,称为首级控制网;直接为测图而建立的控制网,称为图根控制网。图根点的密度应根据测图比例尺和地形条件而定,可参考表 1-1。

表 1-1　一般地区解析图根点个数

测图比例尺	图幅尺寸	解析图根点/个
1:500	50 cm×50 cm	8
1:1 000	50 cm×50 cm	12
1:2 000	50 cm×50 cm	15
1:5 000	40 cm×40 cm	30

小地区高程控制网,也应根据测区面积大小和工程要求采用分级的方法建立。在全测区范围内建立三、四等水准路线和水准网,再以三、四等水准点为基础,测定图根点的高程。

本书介绍的控制网测量主要是用导线测量方法建立小地区平面控制网和利用三、四等水准测量方法建立小地区高程控制网。

三、任务实施

(一)认识地球

由大地水准面所包围的地球形体称为大地体,它代表了地球的自然形状和大小。目前,我国采用的是 1975 年国际大地测量学与地球物理学联合会推荐的椭球。

(二)认识坐标系统和高程系统

1. 平面坐标系统

(1)大地坐标系:用大地经度 L、大地纬度 B 表示地面点投影到旋转椭球面上的位置坐标,称为大地坐标系。

(2)独立平面直角坐标系:在没有国家控制点或不便于与国家控制点联测的小地区测量中,允许暂时建立独立坐标系,以保证测绘工作的顺利开展。

(3)高斯平面直角坐标系:在工程测量中,常将椭球坐标系按一定的数学法则,投影到平面上成为平面直角坐标系。为满足工程测量及其他工程的应用,我国采用高斯-克吕格投影,简称高斯投影,按此投影方法所得的坐标系为高斯平面直角坐标系。

2. 高程系统

(1)高程:地面点沿铅垂线到大地水准面的距离,称为该点的绝对高程或海拔,简称高程,用 H 表示。

(2)我国水准原点:为了统一全国的高程系统,我国采用与黄海平均海水面相吻合的大地水准面作为全国高程系统的基准面,设该面上各点的绝对高程(海拔)为零。我国现在采用的是“1985 年国家高程基准”,即以 1953—1979 年观测的验潮资料计算的黄海平均海水面作为高程基准面,其高程起算点是位于青岛的“中华人民共和国水准原点”,其高程值为 72.260 4 m。

(3)高差:相邻两点的高程之差称为高差,用 h 表示。

(三)认识测量误差

1. 系统误差

在相同的观测条件下,对某一观测量进行系列的观测,若误差的大小及符号相同,或按一定的规律变化,则称为系统误差。

2. 偶然误差

在相同的观测条件下,对观测量进行一系列的观测,大量的观测数据表明,误差出现的大小及符号在个体上没有任何规律,具有偶然性。但从总体上看,误差的取值范围、大小和符号却服从一定的统计规律,这类误差称为偶然误差,或称为随机误差。

3. 评定标准

(1)中误差:以各个真误差平方和的平均数的平方根作为精度评定的标准,用 m 表示,称为观测值中误差。因中误差能明显反映出较大误差对测量结果可靠程度的影响,所以成为被广泛采用的一种评定精度的标准。

(2)容许误差:在实际工作中,一般常以 2 倍中误差作为容许误差值。在测量工作中,如某观测量的误差超过容许误差,就可以认为它是错误的,应舍去不用。

(3)相对误差:是指绝对误差的绝对值与相应观测值之比,通常以分子为 1、分母为整数形式表示。相对误差常用于距离丈量的精度评定,而不能用于角度测量和水准测量的精度评定,这是因为后两者的误差大小与观测角度、高差的大小无关。

(四)认识测量工作

1. 测量基本工作

测量基本工作包括测角、测边、测方向、测高程。

2. 测量工作原则

(1)分级原则:要求遵循“先控制后碎部、从整体到局部,从高级到低级”测量程序。

(2)检核原则:要求前一步测量工作未做检核,不进行下一步测量。

3. 测量控制网

(1)平面控制网：测定控制点平面位置(x,y)的工作，称为平面控制测量，其测量方法主要采用导线测量、三角测量等。

(2)高程控制网：测定控制点高程(H)的工作，称为高程控制测量，测量方法主要采用水准测量和三角高程测量。

四、任务工作单

任务工作单见表1-2。

表1-2　任务工作单

学习情境：认识测量学	班级		日期	
	姓名			
工作任务：认识测量学	学号		评分	

1. 任务内容
(1)了解地球的形状。
(2)掌握地面点位的定位方法和各类坐标系。
(3)了解测量的基本原则和程序。
2. 基本知识
(1)地球的基本形状。
(2)空间点位的定位坐标系的种类。
(3)测量误差的分类、特性及精度评定标准。
(4)测量的基本原则和工作任务。
(5)测量控制网的布设。
3. 任务实施
(1)通过查阅文献资料及教师的讲解，对地球和测量学有基本的认识。
(2)通过任务的展开，掌握空间点位的定位方法。
(3)了解测量误差的分类、特性及测量学的精度评定标准。
(3)测量必须要按照科学的方法来进行，从而引出测量学的基本原则和工作程序。
4. 任务小结
通过此工作任务的实施，各小组集中完成下述工作。
(1)你认为本次教学是否达到预期目的，还有什么意见和建议？
(2)绝对高程和相对高程有何不同之处？
(3)测量系和数学系的平面直角坐标的区别有哪些？
(4)测量误差的分类、特性及测量学的精度评定标准是什么？
(5)测量的控制网有哪些分类和要求？
(6)测量的基本工作有哪些

学习情境二　高程测量

情境概述

一、职业能力分析

(1)熟练掌握水准仪的使用。
(2)熟练掌握等外水准测量的原理和方法。
(3)熟练掌握高程控制测量的原理和方法。

二、学习情境描述

施工单位进场后,根据甲方提供的场外已知水准点,在施工场地内,布设四等水准控制网,通过四等水准测量和平差,得到这些水准点的高程;利用这些水准点,通过等外水准测量,可以把场内所有碎部点的高程都测出。

三、教学环境要求

学习情境要求在理实一体化专业教室和室外实训完成,要求每组配备水准仪、水准尺、脚架各一套,可以用于查询资料的电脑、任务工作单、多媒体教学设备、课件和视频教学资料等。

学生每6人一个小组,各组独立完成相关的工作任务,并在教学完成后提交任务工作单。

工作任务一　水准仪使用

一、任务概述

(一)应知应会

通过本工作任务的学习与具体实施,学生应学会下列知识。
(1)水准测量原理。
(2)水准仪的操作。
通过本工作任务的学习与具体实施,学生应掌握下列技能。

(1)水准仪的操作。

(2)读数方法。

(3)水准仪的检验和校正。

(二)学习要求

(1)学生在上课前,应到本课程的网站中预习本工作任务的相关内容。

(2)本课程采用理实一体化的模式组织教学,学生在学习过程中,要注重理论与实践的结合,提高自己的动手能力。

(3)每个工作任务学习结束后,学生应独立完成任务工作单的填写。

二、相关知识

测定地球表面上点的高程工作,称为高程测量,它是测量的三项基本工作之一。

高程测量的方法按使用的仪器和施测的方法不同,分为水准测量、三角高程测量、气压高程测量和 GPS 高程测量等。水准测量是高程测量中精度较高且较常用的一种方法。本次学习情境主要讲述的是如何用水准仪来进行高程测量。

(一)水准测量的原理、测站和转点

1. 水准测量的原理

水准测量是利用水准仪提供的水平视线,对立于待测定高差的两点上的水准尺上的读数,以测得两点间的高差,进而由已知点的高程推算未知点的高程。

如图 2-1 所示,A、B 两点上竖立水准尺,读数分别为 a、b,则 A、B 两点的高差为

$$h_{AB}=H_B-H_A=a-b \tag{2-1}$$

而 B 点的高程为

$$H_B=H_A+h_{AB} \tag{2-2}$$

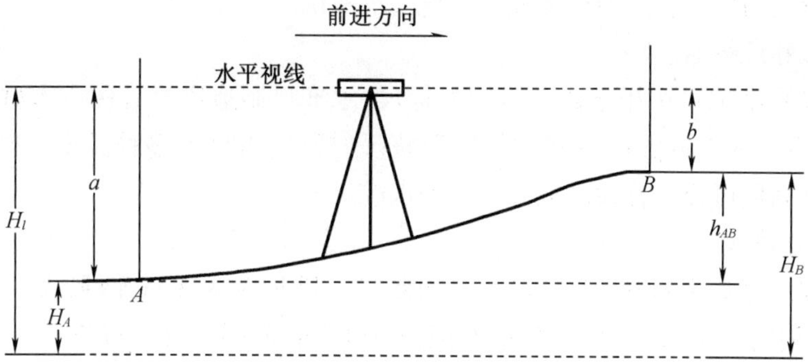

图 2-1　水准测量的原理

这里高差用 h_{AB} 表示,其含义是由 A 点到 B 点的高差;若写成 h_{BA} 则指从 B 点到 A 点的高差。若水准测量是从 A 点向 B 点进行的,则称 A 点为后视点,其水准尺读数为后视尺读数(简称后视);称 B 点为前视点,其水准尺读数为前视尺读数(简称前视)。两点间的高差是用后视读数 a 减去前视读数 b,即 $h_{AB}=a-b$。

h_{AB} 有正负:高差为正,表示 B 点比 A 点高,地面为上坡;高差为负,表示 B 点比 A 点低,地面为下坡。

2. 测站和转点

架一次仪器,称为一个测站。当地面两点相距较远或高差太大时,设一站无法测定其高差,中间需要加设若干个临时的立尺点作为传递高程的过渡点,称为转点。此时需连续设站若干次,分别测定各站的高差,取其累计代数和作为两点间的高差。

图 2-2 中,设 2 个转点,连续设 3 个测站,则 A、B 两点间的高差为 3 站高差之和:

$$h_{AB}=h_1+h_2+h_3=(a_1-b_1)+(a_2-b_2)+(a_3-b_3)$$

其通用公式可表示为

$$h_{AB}=\sum_{i-1}^{n}h_i=\sum_{i-1}^{n}(a_i-b_i)=\sum_{i-1}^{n}a_i-\sum_{i-1}^{n}b_i \tag{2-3}$$

式(2-3)中的最后一部分可作为计算正确性的检核公式。

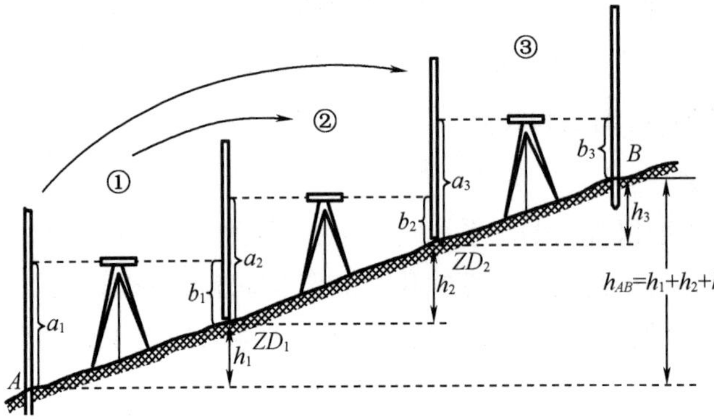

图 2-2 测站和转点

(二)水准测量的仪器和工具

水准测量用的仪器、工具有:水准尺、尺垫、水准仪。

1. 水准尺和尺垫

水准尺是水准测量中用于高差量度的标尺,水准尺制造用材有优质木材、合金材和玻璃钢等几种,有 2 m、3 m、5 m 等多种长度和整尺、折尺、塔尺等多种类型,如图 2-3 所示。水准尺按精度高低可分为普通水准尺和精密水准尺。

(1)普通水准尺

普通水准尺通常用木料、铝材和玻璃钢制成。尺长多为 3 m,两尺为一副,且为双面(黑、红面)刻划的直尺,每隔 1 cm 印刷有黑白或红白相间的分划。每分米处注有数字。对一副水准尺而言,黑、红面注记的零点不同。黑面尺底端从零开始注记读数,两尺的红面尺底端分别从常数 4 687 mm 和 4 787 mm 开始注记读数,称为尺常数 K,即 $K_1=4.687$ m,$K_2=4.787$ m。设尺常数是为了检核测量结果。

(2)精密水准尺

精密水准尺的框架用木料制成,分划部分用镍铁合金做成带状。尺长多为 3 m,两尺为一副。在尺带上有左右两排线状分划,分别称为基本分划和辅助分划,格值为 1 cm。这种水准尺配合精密水准仪使用。

(3)尺垫

水准测量中有许多地方需要设置转点(中间点),为防止观测过程中尺子下沉而影响读数的准确性,应在转点处放一尺垫,如图 2-3 所示。尺垫一般由平面为三角形的铸铁制成,下面有 3 个尖脚,便于踩入土中,使之稳定。上面有一突起的半球形小包,立水准尺于球顶,尺底部仅接触球顶最高的一点,当水准尺转动方向时,尺底的高程不会改变。

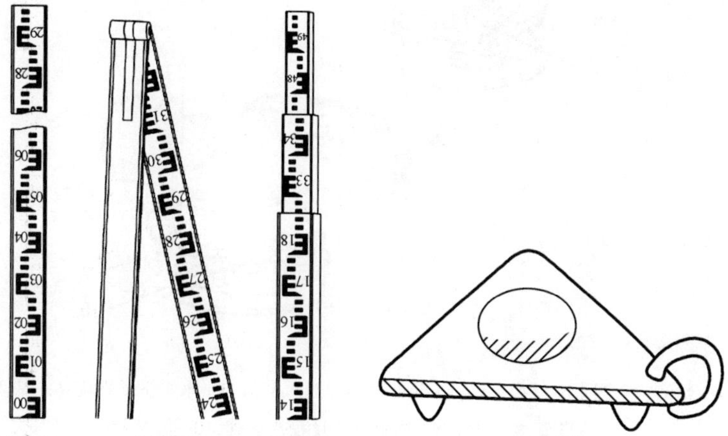

图 2-3　水准尺和尺垫

2. 水准仪

水准仪的作用就是提供一条水平视线(视准轴)。

(1)水准仪的分类

按精度,水准仪可分为 DS_{05}、DS_{1}、DS_{3}、DS_{10} 等几个等级,DS 为“大地”“水准仪”的汉语拼音缩写。

DS_{05}——每千米水准测量的全中误差为±0.5 mm,用于高等级水准测量。

DS_{1}——每千米水准测量的全中误差为±1.0 mm,用于高等级水准测量。

DS_{3}——每千米水准测量的全中误差为±3.0 mm,用于一般工程测量和地形测量。

DS_{10}——每千米水准测量的全中误差为±10.0 mm,用于一般工程测量和地形测量。

本节主要介绍 DS_{3} 级自动安平水准仪,如图 2-4 所示,它是我国生产的 DSZ_{3} 型自动安平水准仪。

自动安平水准仪不是借助水准管的水准轴,而是借助一种特殊的装置,使视线自动水平。常规水准测量中,先要使用圆水准器使水准仪粗平,读数之前还要用微倾螺旋使仪器精平,特别是精平,在观测中需花费不少时间。由于观测时间的延长,受温度变化、风力影响、仪器下沉等的影响增加了测量误差。而使用自动安平水准仪进行水准测量,只需要用圆水准器进行粗平水准仪,便可以在望远镜中读数,这不仅操作简便,而且提高了测量工作的效率。

(2)自动安平水准仪的组成

①基座

基座主要由轴座、3 个脚螺旋和连接板组成。仪器上部通过竖轴插入轴座内,由基座承托整个仪器。在基座连接板的中央有一圆螺旋孔，用连接螺旋使水准仪和三脚架相连接，如图 2-4 所示。

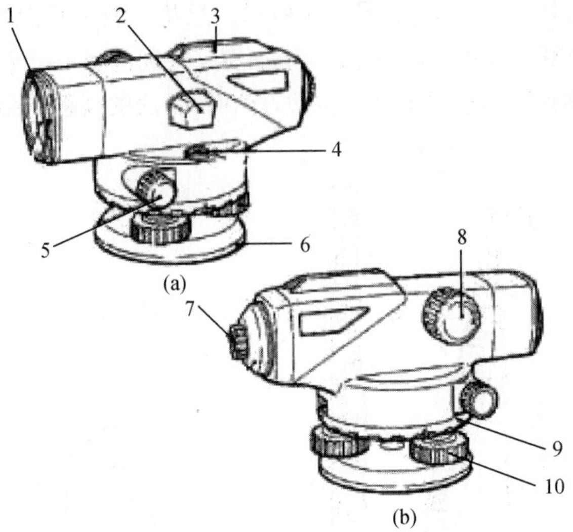

1—物镜；2—圆水准器观察窗；3—粗瞄器；4—圆水准器；5—水平微动螺旋；6—基座；
7—目镜；8—目镜调焦螺旋；9—度盘指示牌；10—脚螺旋。

图 2-4　DS_3 级自动安平水准仪

②照准部

照准部由望远镜、水准器和控制螺旋等组成，能绕水准仪的竖轴在水平面内作全圆转。望远镜的作用是照准和提供一条水平线（视准轴，如图 2-5 所示），并在水准尺上读数。

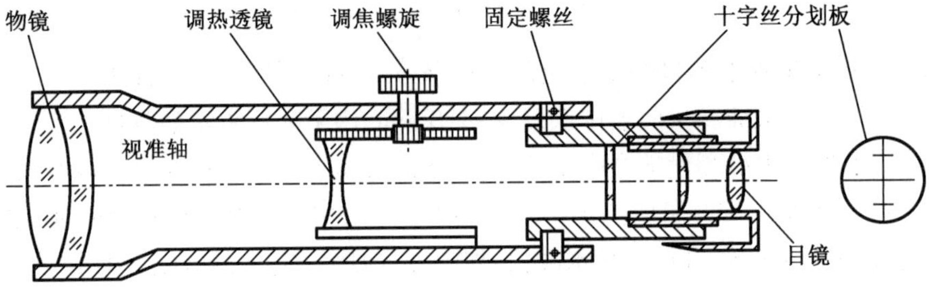

图 2-5　视准轴示意图

③圆水准器

圆水准器由玻璃制成，呈圆柱状，里面装有酒精和乙醚的混合液，其上部的内表面为一个圆球面，中央刻有一个小圆圈，它的圆心 O 是圆水准器的零点。当气泡居中时，圆水准器轴即处于铅垂位置。

（三）水准仪的使用、检验和校正

1. 水准仪的使用

在安置仪器之前，应选择合适的地点放好仪器的三脚架，其位置应位于两标尺中间，高度适中,架头大致水平,上架后的仪器要立即用中心螺丝固定于三脚架上,三脚架要踩实。用水准仪进行水准测量的操作程序是:整平—瞄准—读数。

(1)整平

将水准仪架在三脚架上之后,大致使其处于水平状态,如图 2-6(a)所示。虚圆圈表示气泡所处的位置,此时首先用双手按箭头所指的方向转动 1 和 2 脚螺旋,使气泡移动到这两个脚螺旋方向的中间,再按图 2-6(b)中箭头所指的方向,用左手转动脚螺旋 3,使圆水准器气泡居中,称为粗平。值得注意的是,水准气泡移动的方向始终与左手拇指转动脚螺旋的方向一致。

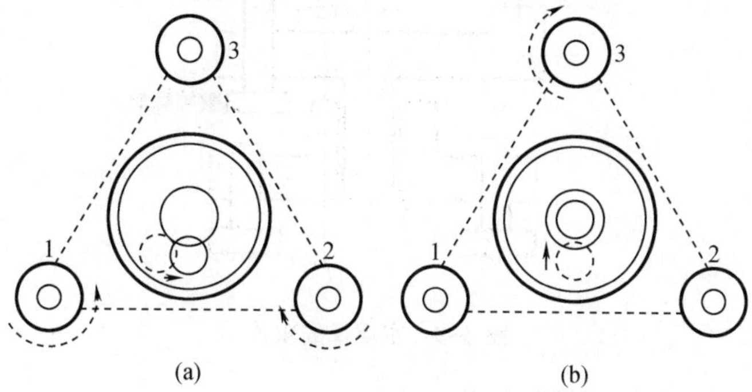

图 2-6　圆水准器气泡居中的方法

(2)瞄准

松开制动螺旋,先用望远镜的外瞄准器(缺口和准星)瞄准水准尺,制动照准部,调整焦距,使水准尺成像清晰,调目镜使十字丝清晰,消除视差,该过程称粗略瞄准。在望远镜内找到水准尺像,再用微动螺旋使十字丝的竖丝与水准尺的一边棱重合,该过程称为精确瞄准,如图 2-7 所示。

(3)读数

水准仪精平后,应立即用十字丝的中横丝在水准尺上读数。读数时先看估读的毫米数,然后以毫米为单位报出四位读数,如 1.538 m 读成 1 538 mm,这样读数可防止读、记及计算中的错误和不必要的误会,如图 2-8 所示。

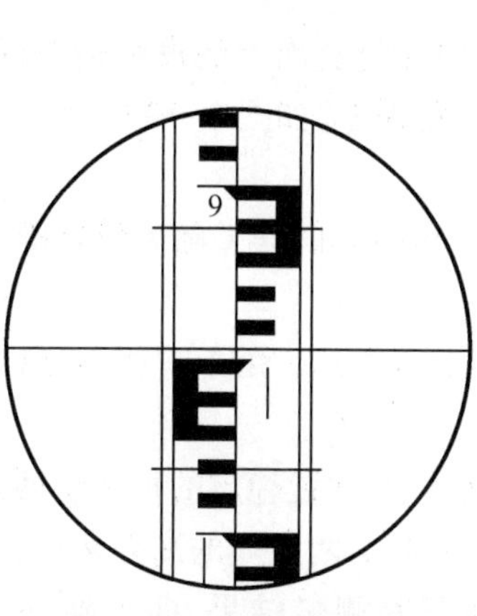

图 2-7　瞄准示意图

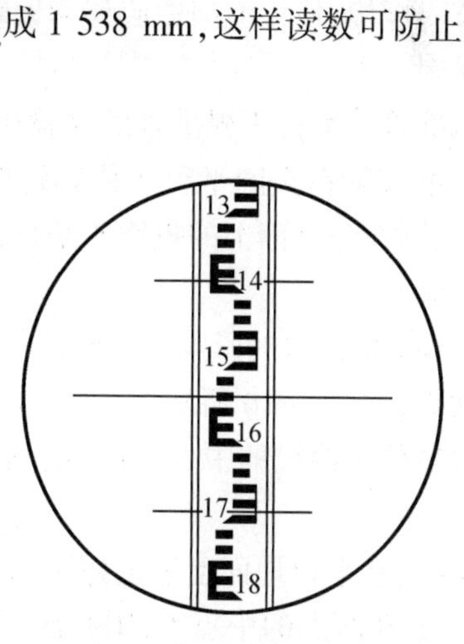

读数为 1.538 m 或 1 538 mm

图 2-8　读数

2. 水准仪的检验和校正

(1) 水准仪应满足的几何条件

水准作业前必须对水准仪及水准尺进行检验，只有各轴线间满足《工程测量标准》(GB 50026—2020)规定的技术标准时才能用于作业，如图 2-9 所示。

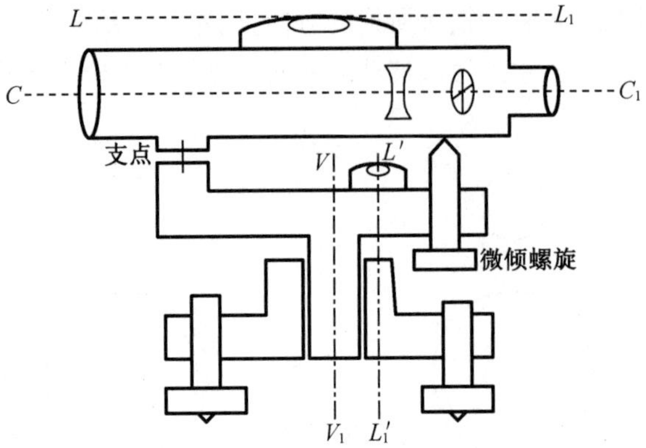

图 2-9　水准仪的轴线

①圆水准器轴应平行于仪器的竖轴 $L'L'_1 // VV_1$。

②水准管轴应平行于望远镜的视准轴 $LL_1 // CC_1$。

③望远镜十字丝的横丝应垂直于仪器的竖轴。

(2) 水准仪的检验和校正

①圆水准器轴平行于仪器的竖轴的检验和校正

a. 检验

旋转脚螺旋，使圆水准器气泡居中，之后将仪器水平旋转 180°，气泡居中为正常，否则需要校正。

b. 校正

调节脚螺旋，使气泡向中心移动偏距一半，用校正针拨圆水准器底下的 3 个校正螺丝，使气泡居中。

②水准管轴平行于视准轴的检验和校正

当水准管轴在空间平行于望远镜的视准轴时，它们在竖直面上的投影是平行的，若两轴不平行，则在竖直面上的投影不平行，其交角 i 称为 i 角误差，如图 2-10 所示。

a. 检验

当存在 i 角误差的影响时，视线不在水平位置，由 i 角引起的误差随着仪器距尺的距离增大而增大，如图 2-10 所示。

当仪器位于两尺的中点 C 时，前、后尺读数 a_1、b_1 中所含的 i 角影响相等，所求高差不受影响。

检验时，在平坦地面上选定相距 75～100 m 的两点 A、B，并置稳定的尺垫于两点处。先置仪器于 A、B 两点的中点 C，用两次仪器高法精确测定 A、B 两点间的高差两次，互差小于 5 mm 取其平均值，此均值为不受 i 角影响的 A、B 间高差测量结果，即正确高差，用 h_{AB} 表示。

再置水准仪于距 B 点约 2 m 处，精平后分别读取 A、B 点水准尺读数 a_2、b_2，得 A、B 间的第二次高差 $h'_{AB}=a_2-b_2$，如果 $h_{AB}=h'_{AB}$，则两轴平行，无 i 角误差。否则应校正，如图 2-10 所示。

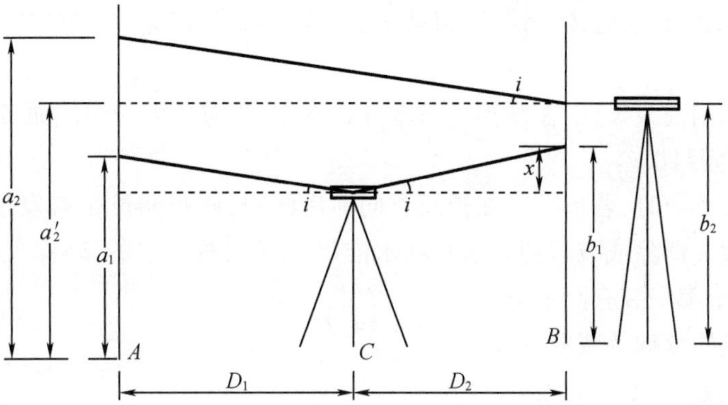

图 2-10　水准管轴平行于视准轴的检验

b. 校正

校正时先计算仪器在 A 尺上的正确读数 a'_2，因为 $h_{AB}=a'_2-b_2$，a'_2为正确读数，b_2距离 B 点水准尺较近，认为无误差，所以 $a'_2=h_{AB}+b_2$。若 $|a_2-a'_2|\geqslant 3$ mm，则要进行校正。

转动微倾螺旋使横丝在 A 尺上的读数从 a_2 移到 a'_2，此时视准轴已经水平，但水准管气泡偏离中心，调节位于目镜一端水准管上的上、下两个校正螺丝，使水准管两端的影像符合，此时水准管轴水平，校正完成。校正过程中同样需要弄清楚水准管的升降方向，按顺序调节校正螺丝。该方法应该反复几次才能完成校正，校正完成后应固紧有关螺丝。

此方法只适用于普通水准仪，对于自动安平水准仪，检验的方法相同。由于自动安平水准仪无水准管装置，因此只能校正十字丝。

③望远镜十字丝的横丝应垂直于仪器的竖轴的检验与校正

a. 检验

当仪器整平后，十字丝的横丝应该是水平的，当横丝不水平时，用横丝不同部位读数会有不同的结果。检验时将仪器整平，然后用横丝一端照准某一固定点 A，转动微动螺旋使仪器水平旋转，若 A 点之成像始终沿横丝移动，则横丝水平，否则应校正。

b. 校正

拧下十字丝板护盖，松开十字丝板压环螺丝，微转十字丝板使横丝与 A 点相切，反复检验、校正几次直至合格为止。

(四) 水准测量误差来源及减弱方法

1. 仪器误差及减弱方法

因仪器检校不完善，如视准轴与水准管轴之间仍然会有微小的交角(i 角误差)。而一个测站上前、后视距相等时，i 角误差对高差测定的影响将被抵消，因此水准测量中前、后视距差和每测站前后视距累积差应有一定的限值。

2. 观测误差及减弱方法

观测误差主要包括精平误差、调焦误差、估读误差和水准尺倾斜误差。

(1)精平误差

若水准器格值 $r=20''/2$ mm,视线长度为 100 m。整平时,水准管气泡偏离中心 0.5 格,则引起的读数误差可达 5 mm。因此,水准测量时一定要严格精平,并果断、快速读数。

(2)调焦误差

在观测时,调焦会引起读数误差,保持前、后视距相等,避免在一站中重复调焦。

(3)估读误差

观测员要限制视线长度,在观测时态度要认真,尽量避免因为估读而带来的误差。

(4)水准尺倾斜误差

在水准测量读数时,若水准尺在视线方向前后倾斜,则观测员很难发现,由此造成水准尺读数总是偏大。消除或减弱的办法是在水准尺上安装圆水准器,确保尺子的铅垂。一般情况下,水准尺上都安装有圆水准器。

3. 外界环境的影响及减弱方法

(1)水准仪、水准尺下沉误差

在土壤松软区测量时,水准仪在测站上随安置时间的增加而下沉。发生在两尺读数之间的下沉,会导致后读数的尺子读数比应有读数小,造成高差测量误差。消除这种误差的办法是,仪器最好安置在坚实的地面,三脚架踩实,快速观测,采用"后—前—前—后"的观测程序等方法均可减少仪器下沉的影响。

而水准尺下沉对读数同样有影响。消除办法有:踩实尺垫;观测间隔应将水准尺从尺垫上取下,减小下沉量;往返观测,在高差平均值中减弱其影响。

(2)大气折光影响

多种原因使视线在大气中穿过时,会受到大气折光影响,一般视线离地面越近,光线的折射也就越大。观测时应尽量使视线保持一定高度,一般规定视线须高出地面 0.2 m,可减少大气折光的影响。

(3)日照及风力引起的误差

除了选择好的天气测量外,给仪器打伞遮太阳光等都是消除和减弱其影响的好办法。

三、任务实施

(一)准备工作

1. 领取仪器

自动安平水准仪 1 台、水准尺 2 根、尺垫 2 个、记录板 1 块。

2. 布置场地

在实验场地安排不同高度的多个点位。

(二)实施过程

1. 安置仪器

将三脚架张开,使其高度适当,架头大致水平,并将脚尖踩入土中,然后用连接螺旋将仪器固连在三脚架上。

2. 认识仪器

了解仪器各部件的名称及作用,熟悉其使用方法及水准尺的分划与注记。

3. 整平

先对向转动两个脚螺旋，使圆水准器气泡向中间移动，再转动另一个脚螺旋，使气泡移至居中，气泡运动方向与左手拇指方向一致。

4. 瞄准

转动目镜调焦螺旋，使十字丝清晰；转动仪器，用准星和照门瞄准水准尺，拧紧制动螺旋（手感螺旋有阻力），然后转动物镜调焦螺旋，使目标成像清晰；最后调节微动螺旋，使水准尺成像位于十字丝分划板平面的中央位置。如有视差，则消除视差。

5. 读数

用十字丝中丝在水准尺上读取米、分米、厘米，估读至毫米。

6. 计算高差、高程

地面选定两个较为坚固的点位，如点 A、B，安置水准仪于两点的大致中间位置，竖立水准尺于 A、B 两点上，瞄准 A 点水准尺，整平后读取中丝读数，作为后视读数（a）并记录；再将水准仪瞄准 B 点水准尺读取中丝读数，作为前视读数（b）并记录，最后，计算出 A、B 两点间的高差。读数记录见表 2-1。

表 2-1　读数记录

A 点	B 点

计算：

（1）A 点比 B 点（高、低）________ m。

（2）假设 A 点的高程 $H=100$ m，求 B 点的高程。

四、任务工作单

任务工作单见表 2-2。

表 2-2　任务工作单

学习情境：高程测量	班级		日期	
	姓名			
工作任务：水准仪使用	学号		评分	
1. 任务内容 （1）绘图并掌握水准测量原理。 （2）熟练掌握水准仪的使用和准确读数。 （3）了解水准仪的检验和校正。				

表 2-2(续)

2. 基本知识

(1)绘出水准测量原理图并写出计算公式。

(2)写出自动安平水准仪各部分构造名称

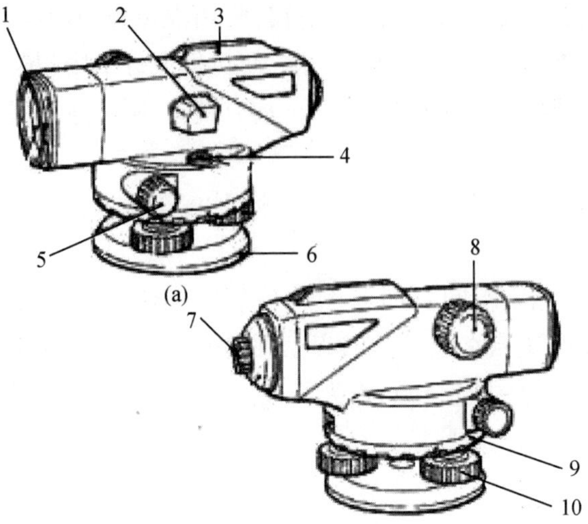

(a)

(b)

(3)读数。

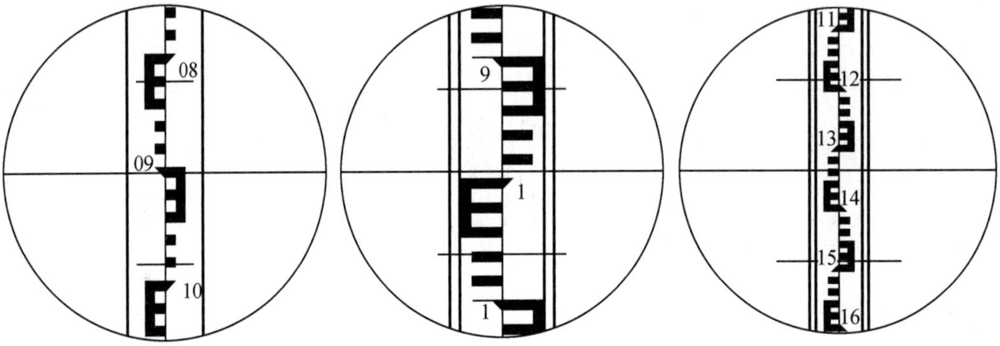

(a)　　(b)　　(c)

3. 任务实施

(1)讲述水准测量原理并演示水准仪的使用。

(2)组织学生现场对水准仪进行操作。

(3)学生反复读数,直到又快又准。

(4)演示水准仪的检验和校正,以及误差分析。

4. 任务小结

通过此工作任务的实施,各小组集中完成下述工作。

(1)你认为本次教学是否达到预期目的,还有什么意见和建议?

(2)水准仪由几部分构造而成? 它们的作用是什么?

(3)什么是视准轴? 什么是视差,如何消除视差?

(4)如何又快又准地读数?

(5)水准测量中误差来源以及如何减弱误差

实操一 自动安平水准仪的认识与使用

一、实训目的

(1)了解自动安平水准仪的各部件名称及其作用。

(2)练习自动安平水准仪的安置、粗平、瞄准与读数。

(3)在实验场地安排不同高度的多个点位,测定两点间的高差并据高差判断点的高低。

(4)理解视差的概念。

二、实训工具及设备

(1)自动安平水准仪1台、水准尺2根、尺垫2个、记录板1块、测伞1把。

(2)由指导老师指定的实训场地。

三、实训注意事项

(1)仪器安放到三脚架头上,最后必须旋紧连接螺旋,使连接牢固。

(2)不要在没有消除视差的情况下进行读数。

(3)在水准尺上读数时,水准气泡必须居中。

(4)立尺时应站在水准尺后,双手扶尺,使尺身保持竖直。

四、实训内容

(一)安置仪器

将三脚架张开,使其高度适当,架头大致水平,并将脚尖踩入土中,然后用连接螺旋将仪器固连在三脚架上。

(二)认识仪器

了解仪器各部件的名称及作用,熟悉其使用方法及水准尺的分划与注记。

(三)整平

先对向转动两个脚螺旋,使圆水准器气泡向中间移动,再转动另一个脚螺旋,使气泡移至居中,气泡运动方向与左手拇指方向一致,如图2-11所示。

(四)瞄准

转动目镜调焦螺旋,使十字丝清晰;转动仪器,用准星和照门瞄准水准尺,拧紧制动螺旋(手感螺旋有阻力),然后转动物镜调焦螺旋,使目标成像清晰;最后调节微动螺旋,使水准尺成像位于十字丝分划板平面的中央位置。如有视差,则消除视差。

(五)读数

用十字丝中丝在水准尺上读取米、分米、厘米,估读至毫米。

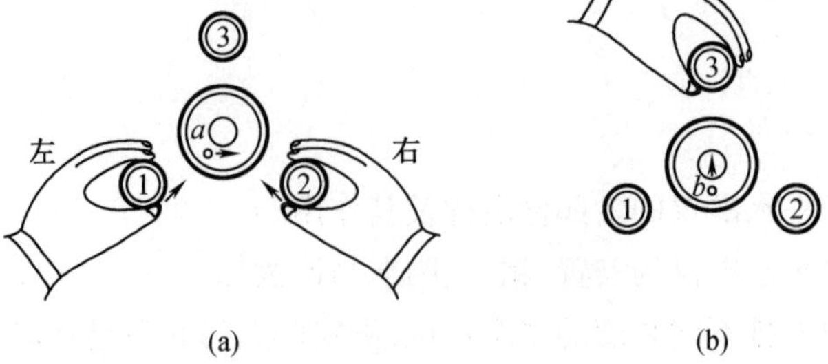

图 2-11 脚螺旋移动示意图

(六)测定地面两点间的高差

在地面选定两个较为坚固的点位,如点 A、B,安置水准仪于两点的大致中间位置,竖立水准尺于 A、B 两点上,瞄准 A 点水准尺,整平后读取中丝读数,作为后视读数(a)并记录;再将水准仪瞄准 B 点水准尺读取中丝读数,作为前视读数(b)并记录,最后计算出 A、B 两点间的高差:

$$h_{AB}=\text{后视读数}-\text{前视读数}$$

其他各点间的高差依次进行观测。

自动安平水准仪与一般的光学水准仪操作过程大体类似,只省去了精平环节。

五、实训教学考核评定

(一)记录水准尺上读数(表 2-3)

表 2-3 地面点水准尺读数

A 点	B 点

(二)计算

(1)A 点比 B 点(高、低)________ m。

(2)假设 A 点的高程 $H=100$ m,求 B 点的高程。

工作任务二　等外水准测量

一、任务概述

(一)应知应会

通过本工作任务的学习与具体实施,学生应学会下列知识。

(1)等外水准测量的方法。

(2)等外水准测量的成果计算。

通过本工作任务的学习与具体实施,学生应掌握下列技能。

(1)合理布设等外水准路线。

(2)等外水准测量方法。

(3)等外水准测量结果计算方法。

(二)学习要求

(1)学生在上课前,应到本课程的网站中预习本工作任务的相关内容。

(2)本课程采用理实一体化的模式组织教学,学生在学习过程中,要注重理论与实践的结合,提高自己的动手能力。

(3)每个工作任务学习结束后,学生应独立完成任务工作单的填写。

二、相关知识

(一)水准点

高程测量是按照“从整体到局部”的原则来进行的,即先在测区内设立一些高程控制点,并精确测出它们的高程,然后根据这些高程控制点测量附近其他点的高程。这些高程控制点称为水准点,工程上常用 BM 来标记。水准点有永久和临时两类。永久水准点一般用混凝土标石制成,顶部嵌有金属或瓷质的标志。标石应埋在地下,埋设地点应选在地质稳定、便于使用和保存的地方。在城镇居民区,也可以采用把金属标志嵌在墙上的“墙脚水准点”,如图 2-12 所示。

临时水准点则可用更简便的方法来设立。例如,一般用木桩打入地面,桩顶钉入顶部为半球形的铁钉,还可以用刻凿在岩石上的或用油漆标记在建筑物上的简易标志。

(二)等外水准测量方法

等外水准测量即为普通水准测量,它的精度要求低于国家四等高程控制网。当两水准点 A、B 间的距离较近时,可设站一次测定两点间的高差,此时水准尺应直接立于水准点上。当两水准点 A、B 相距较远时,需在两点间设若干站,水准尺立于转点上,分别测出各站的高差。各测站高差之和,即为两水准点 A、B 间的高差 h_{AB},如图 2-13 所示。

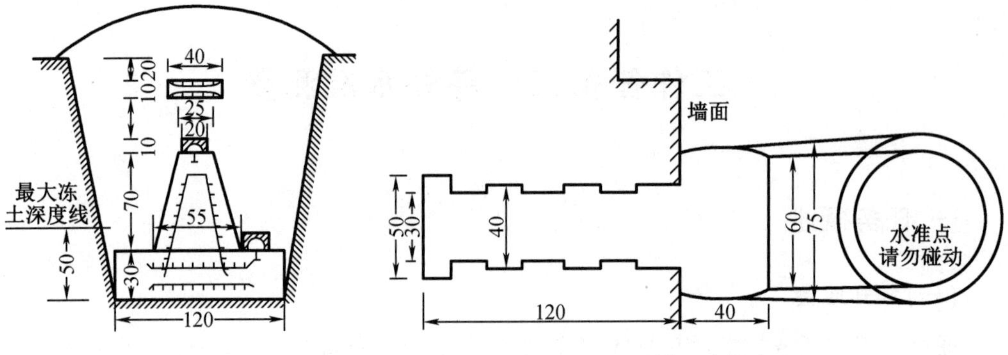

(a)埋置水准点　　(b)墙上水准点

图 2-12　水准点标示及埋设(单位:cm)

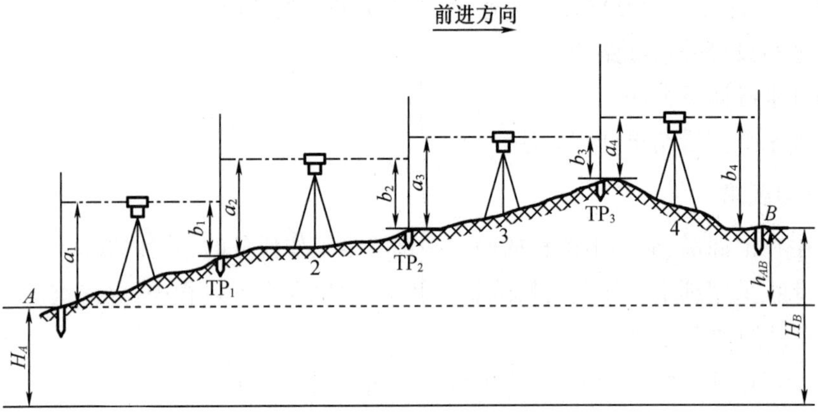

图 2-13　普通水准测量的实施

1. 测量步骤

(1)在两立尺点(可能是水准点,也可能是转点)上立水准尺,并在距两立尺点距离相等处安置水准仪,进行整平工作。

(2)照准后视尺,读后视尺读数 a,记录表格。

(3)照准前视尺,读前视尺读数 b,记录表格。

(4)高差计算:$H_B = H_A + h_{AB}; h_{AB} = \sum a - \sum b$。

2. 记录

记录一定要在表格上进行,记录时要回报读数,以防听错,不准涂改。表 2-4 是计算实例。

表 2-4　水准测量记录表

点号	后视读数/m	前视读数/m	高差/m	高程/m	备注
BM_A	1.635	—	0.819	86.213	已知 A 点高程
1	1.823	0.816	—	87.032	—
2	2.126	0.926	0.897	87.929	—

表 2-4(续)

点号	后视读数/m	前视读数/m	高差/m	高程/m	备注
3	1.786	1.345	0.781	88.710	—
4	1.687	0.785	1.001	89.711	—
5	1.658	0.891	0.796	90.507	—
BM_B	—	0.879	0.779	91.286	求出 B 点高程
校核计算	$\sum_{i=1}^{n} a_i - \sum_{i=1}^{n} b_i = 10.715\ \text{m} - 5.642\ \text{m} = 5.073\ \text{m}$ $\sum_{i=1}^{n} h_i = 5.073\ \text{m}\quad H_B - H_A = 91.286\ \text{m} - 86.213\ \text{m} = 5.073\ \text{m}$				

(三)数据检核及结果计算

1. 计算检核

为校核高差计算有无错误,从表 2-4 中可以看出,所有的后视读数减去所有的前视读数应该等于高差的代数和,即

$$\sum_{i=1}^{n} a_i - \sum_{i=1}^{n} b_i = 10.715\ \text{m} - 5.642\ \text{m} = 5.073\ \text{m}$$

$$\sum_{i=1}^{n} h_i = 5.073\ \text{m}$$

如果上述两个式子不相等,则要检查记录和计算,如果记录和计算没有问题,则认为是在测量过程中发生了错误,比如读数错误、塔尺接头错误等,此时应该考虑重测。

2. 测站检核

在连续水准测量中,只进行计算检核,还无法保证每一个测站的高差没有问题,如用计算检核无法查出测量过程中是否读错、听错、记错水准尺上的读数。因此,对每一站的高差,还应采取相应的措施进行检核,以保证每个测站高差的正确性。常用的测站检核方法有双仪高法和双面尺法。

双仪高法又称变更仪器高法,是在同一个测站上用两次不同的仪器高度,测得两次高差并进行检核。每站变动仪器高的升幅或降幅大于 10 cm,两次仪器高测得的高差互差不大于±5 mm 时,取其均值作为该站测量的结果;大于 5 mm 时称作超限,应重测。

双面尺法将在下一个工作任务中进行讲解。

3. 结果检核

(1)高差闭合差

计算检核只能发现计算是否有错,而测站检核只能检核每一个测站上是否有错误,不能发现立尺点变动的错误,更不能评定测量结果的精度,同时由于观测时受到观测条件的影响,随着测站数的增多使误差积累,有时也会超过规定的限差,因此应对其结果进行检核,即进行高差闭合差的检核。在水准测量中,由于测量误差的影响,沿水准路线测得的起终点的高差值与起终点的实际应有高差值不相符,其二者的差值,称为高差闭合差,一般以 f_h 表示。高差闭合差的计算,随着水准路线形式的不同而不同,现分别叙述如下。

①闭合水准路线

如图 2-14(b)所示,BM_A 为已知高程的水准点,1、2、3 为未知高程点。从已知高程的水准点 BM_A 出发,经过若干个未知高程点 1、2、3 进行水准测量,最后又回到已知水准点 BM_A 上,这样的水准路线称为闭合水准路线。在闭合水准路线中,高差的总和理论上应等于零,即

$$\sum h_{理} = 0$$

若实测高差的总和不等于零,即为高差闭合差:

$$f_h = \sum h_{测} \tag{2-4}$$

②附和水准路线

如图 2-14(c)所示,BM_1、BM_2 为已知高程的高级水准点,从 BM_1 点出发,经过 1、2、3 等若干个未知高程点进行水准测量,最后附合到另一高级水准点 BM_2 上,这样的水准路线称为附合水准路线。在附合水准路线中,理论上各段的高差总和应与 BM_1、BM_2 两点的已知高差相等,如果不相等,其差值即为高差闭合差:

$$f_h = \sum h_{测} - (H_{终} - H_{始}) \tag{2-5}$$

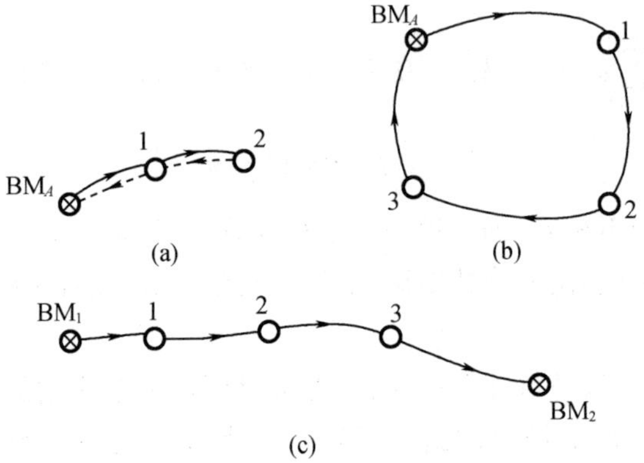

图 2-14　水准路线的形式

③支水准路线(又称往返水准路线)

$$f_h = \sum h_{往} + \sum h_{返} = \left|\sum h_{往}\right| - \left|\sum h_{返}\right| \tag{2-6}$$

支水准路线不能过长,应根据其等级限制其长度。

(2)等外水准测量的容许高差闭合差规定

上述水准路线中,当高差闭合差在容许误差范围内,即 $f_h \leqslant f_{h容}$($f_{h容}$ 为容许高差闭合差),认为精度合格,结果可用。若超过容许值,应查明原因,进行重测,直到符合要求为止。

$$f_{h容} = \pm 40\sqrt{L}\ \text{mm}\quad(一般适用于平原微丘区) \tag{2-7}$$

式中　L——水准路线长度,km。

$$f_{h容} = \pm 12\sqrt{n}\ \text{mm}\quad(一般适用于山岭重丘区) \tag{2-8}$$

式中　n——整个水准路线所设的测站数。

应该注意的是,式(2-7)、式(2-8)在往返水准路线测量中,路线长度 L 或测站数 n 均按单程计算。

4. 成果计算

水准测量的外业测量数据经检核后，如果满足了精度要求，就可以进行内业成果计算（平差计算），即调整高差闭合差，将高差闭合差按误差理论合理分配到各测段的高差中去，最后求出未知点的高程。

（1）附和水准路线的成果计算

如图 2-15 所示，BM_1、BM_2 为两个已知高程的水准点，$H_1 = 100.000$ m，$H_2 = 105.241$ m。各测段的高差分别为 $h_1 = 3.621$ m、$h_2 = 2.432$ m、$h_3 = 1.301$ m 和 $h_4 = -2.143$ m。

①高差闭合差的计算

水准路线高差闭合差：

$$f_h = \sum h_{测} - (H_{BM2} - H_{BM1}) = 5.211 - (105.241 - 100.000) = -0.030\ \text{m} = -30\ \text{mm}$$

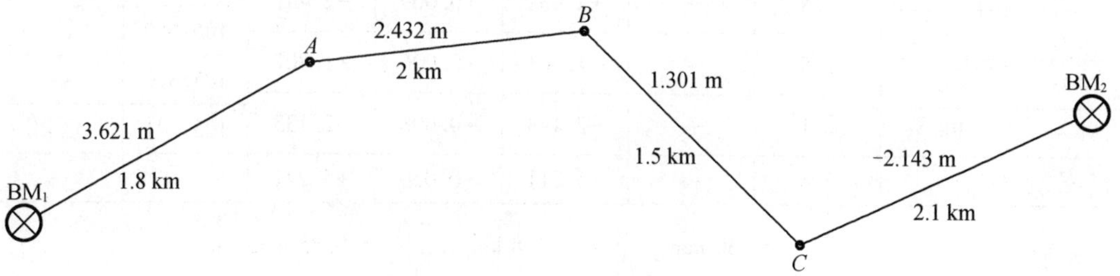

图 2-15　附和水准路线数据

高差容许闭合差：

$$f_{h容} = \pm 40\sqrt{L} = \pm 40\sqrt{7.8} = \pm 112\ \text{mm}$$

因为 $f_h < f_{h容}$，符合精度要求，所以可进行高差闭合差调整。

②高差闭合差调整

高差闭合差的调整可将高差闭合差反符号按测段长度（平原微丘区）或测站数（山岭重丘区）成正比进行分配。设 v_i 为第 i 个测段的高差的改正数，L_i 和 n_i 分别代表该测段长度和测站数，则

$$v_i = -\frac{f_h}{\sum L} \times L_i = v_{每千米} \times L_i \tag{2-9}$$

或

$$v_i = -\frac{f_h}{\sum n} \times n_i = v_{每站} \times n_i \tag{2-10}$$

为方便计算可先计算每千米（或每测站）的改正数 $v_{每千米}$（或 $v_{每站}$），然后再乘以各测段的长度（或站数），就得到各测段的改正数（表 2-5 中第 6 栏）。在该实测中每千米的高差改正数为

$$v_{每千米} = -\frac{f_h}{\sum L} = -\frac{-30}{7.8} = -3.85\ \text{mm/km}$$

各段高差的改正数：

$$v_i = v_{每千米} \times L_i$$

改正数的总和应等于闭合差的反号。

③改正后的高差

改正后的高差应等于实测高差与改正数之和，即表 2-5 中的第 5 栏加第 6 栏等于改正后的高差（第 7 栏）。改正后的高差代数和应与理论值（$H_{终}-H_{始}$）相等；否则，说明计算有误。

表 2-5　水准测量结果计算表

测段编号	点名	距离 L /km	测站数 n	实测高差 /m	改正数 /m	改正后的高差/m	高程 /m	备注
1	2	3	4	5	6	7	8	9
1	BM_1	1.8	—	+3.621	+0.007	+3.628	100.000	已知
2	A	2.4	—	+2.432	+0.009	+2.441	103.628	—
3	B	1.5	—	+1.301	+0.006	+1.307	106.069	—
4	C	2.1	—	−2.143	+0.008	−2.135	107.376	—
—	BM_2						105.241	已知
$\sum$		7.8	—	+5.211	+0.030	+5.241	—	—
辅助计算	$f_h=-30\ \text{mm}\quad \sum L=7.8\ \text{km}\quad \dfrac{-f_h}{\sum L}=3.85\ \text{mm/km}$ $f_{h容}=\pm 40\sqrt{L}=\pm 112\ \text{mm}$							

④高程的计算

从已知点 BM_1 的高程按式（2-2）推算 A、B、C 各点高程，填入第 8 栏，最后计算出 BM_2 点的高程，且 BM_2 点计算出的高程应与已知值相等，否则说明高程推算有误。有时因为小数点后第四位数的四舍五入，导致推算 BM_2 点的高程时有 1 mm 的误差，根据经验，往往把这 1 mm 的误差放在最后一个测站内消化掉。

（2）闭合水准路线的成果计算

闭合水准路线闭合差的调整、各点高程的计算及容许值的大小，均与附合水准路线相同，此处不再赘述。

（3）支水准路线的成果计算

因支水准路线只求一个点的高程，如图 2-14（a）所示的 1 点，其高差闭合差见式（2-6），故只取往返高差的平均值即可（平均高差的符号与往测的高差值的符号相同），即

$$h=\frac{\sum h_{往}-\sum h_{返}}{2} \tag{2-11}$$

三、任务实施

（一）准备工作

1. 领取仪器

自动安平水准仪 1 台、水准尺 2 根、尺垫 2 个、记录板 1 块。

2. 布置场地

实验场地选定一条闭合水准路线,其长度以安置 4~6 个测站为宜,中间设待定点 B、C、D(图 2-16)。

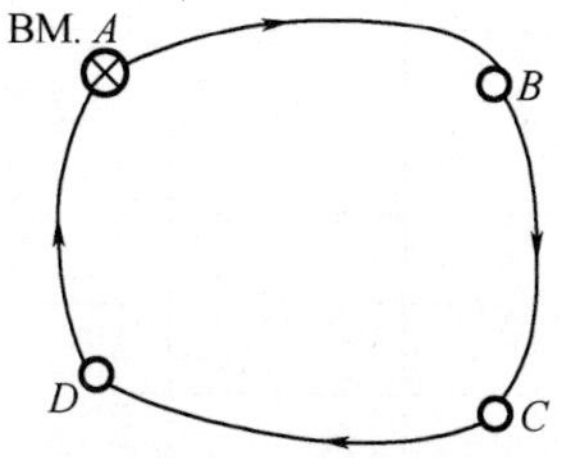

图 2-16　场地布置

(二) 实施过程

(1) 在地面选定 B、C、D 3 个坚固点作为待定高程点,BM_A 为已知高程点,其高程值由指导老师提供。安置仪器于 A 点与 B 点之间,步测前后视距大致相等,进行整平和目镜对光,测站编号为 1。

(2) 后视 A 点上的水准尺,精平,用中丝读取后视读数,记入手簿。前视转点 B 上的水准尺,用中丝读取前视读数,记入手簿。然后立即计算该站的高差。

(3) 仪器迁至第 2 测站,继续观测。沿着选定的路线,将仪器迁至 B 点的前方,仍用第 1 测站施测方法,后视 B 点,前视 C 点,依次连续设站观测,直至最后回到 A 点。

(三) 计算检校(表 2-6)

表 2-6　水准测量记录表

点号	后视读数/m	前视读数/m	高差/m	高程/m	备注
A					已知 *A* 点高程
B					
C					
D					
A					求出 *A* 点高程
校核计算					

(1) 根据各测站高差,计算水准路线的高差闭合差,并检查高差闭合差是否超限,其限差公式为

$$f=\pm 12\sqrt{n}\ \text{mm} \text{ 或 } f=\pm 40\sqrt{L}\ \text{mm}$$

式中　n——测站数;

L——水准路线的长度,km。

(2) 若高差闭合差在容许范围内,则对高差闭合差进行调整,根据已知点的高程和改正后的高差,计算各待定点的高程。

(四)成果计算表(表 2-7)

表 2-7　水准测量结果计算表

测段编号	点名	距离 L /km	测站数 n	实测高差 /m	改正数 /m	改正后的高差/m	高程/m	备注
$\sum$								
辅助计算								

四、任务工作单

任务工作单见表 2-8。

表 2-8　任务工作单

学习情境:高程测量	班级		日期	
	姓名			
工作任务:等外水准测量	学号		评分	

1. 任务内容

(1)等外水准测量方法并熟悉记录表格。

(2)水准测量的三种检核。

(2)等外水准测量的成果计算。

2. 基本知识

(1)如何布设等外水准路线,并绘出场地图。

(2)水准测量数据的检核。

(3)绘出各种水准路线的形式。

(4)写出不同水准路线测量的平差公式。

3. 任务实施

(1)在老师的指导下布设好普通水准路线,至少 4 个水准点以上。

(2)按测量方案完成高差的测量及相关数据的计算。

(3)测量工作完成后,还应按一定的检校方法对测量结果进行检查,确保测量结果的正确性及精度。养成检校的习惯,组与组之间要多交流,共同探讨,获取处理及测量结果的整理方法。

(4)完成本任务的测量数据的处理及成果的整理。

表 2-8(续)

4. 任务小结

通过此工作任务的实施,各小组集中完成下述工作。

(1)你认为本次教学是否达到预期目的,还有什么意见和建议?

(2)等外水准测量的方法是什么?有哪些计算公式?

(3)不同水准路线的高差闭合差如何计算?

(4)等外水准测量的数据如何判断是否为有效数据?

(5)已知水准点 BM_1 的高程为 471.251 m,由水准点 BM_1 到水准点 A 的施测过程及读数如下图所示,试填写记录表格并计算水准点 A 的高程。

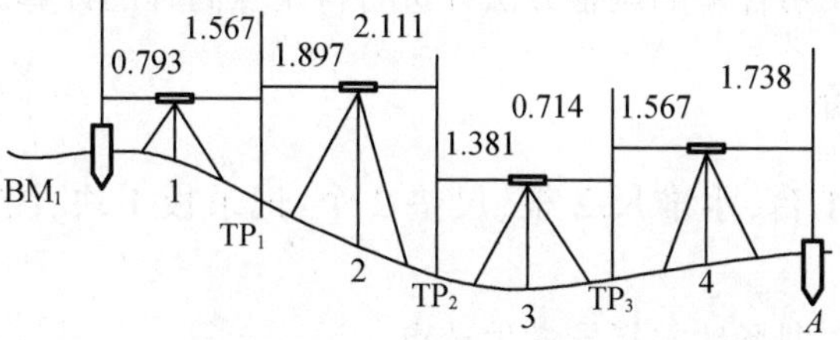

单位:m

(6)在水准点 BM_a 和 BM_b 之间进行等外水准测量,测得各测段的高差及其测站数,如下图所示,试将有关数据填入水准测量高差调整表中,最后在水准测量高差调整表中计算出水准点 1 和 2 的高程。(已知 BM_a 的高程为 5.612 m,BM_b 的高程为 5.412 m)。

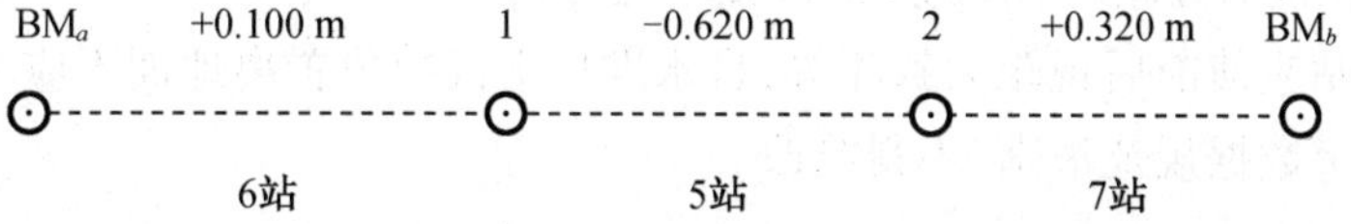

水准测量高差调整表

点号	测站数(站)	实测高差/m	改正数/mm	改正后高差/m	高程/m
BM_a					5.612
1					
2					
BM_b					5.412
$\sum$					

$H_B-H_A=$ 每站改正数=

$f_h=$ $f_{h容}=$ 校核:

实操二　普通水准测量

一、实训目的

(1)练习水准测量测站和转点的选择、水准尺的立尺方法、测站上的仪器操作。

(2)掌握普通水准测量的观测、记录和计算、检核的方法。

(3)实验场地选定一条闭合(或附合)水准路线,其长度以安置4~6个测站为宜,中间设待定点 B、C、D。

(4)掌握水准测量路线闭合差的调整方法并进行待定点高程的计算。

二、实训工具及设备

(1)自动安平水准仪1台、水准尺2根、尺垫2个、记录板1块、测伞1把、木桩或油漆若干。

(2)由指导老师指定实训场地并指导学生选点。

三、实训注意事项

(1)在每次读数之前,要消除视差,并使圆水准器气泡严格居中。

(2)在已知点和待定点上不能放置尺垫,但转点处必须安放尺垫,水准尺应置于尺垫半圆球的顶点上;在仪器迁站时,前视点的尺垫不能移动。

(3)每一测站应使前后视距大致相等,且水准尺上读数位置离地面不应小于0.3 m。

(4)注意记录数据规范清晰,不得涂改。

四、实训内容

(一)选择一条水准路线

每组选定一条符合(或闭合)水准路线,长度以安置4~6个测站为宜,中间设2~3个待定点。

(二)普通水准测量操作步骤

(1)设置转点。在地面选定 B、C、D 3个坚固点作为待定高程点,BM_A 为已知高程点,其高程值由指导老师提供。安置仪器于 A 点与转点 ZD_1 之间,步测前后视距大致相等,进行整平和目镜对光,测站编号为1。

(2)后视 A 点上的水准尺,精平,用中丝读取后视读数,记入手簿。前视转点 ZD_1 上的水准尺,用中丝读取前视读数,记入手簿。然后立即计算该站的高差。

(3)仪器迁至第2测站,继续观测。沿着选定的路线,将仪器迁至 ZD_1 的前方,仍用第1测站施测方法,后视 ZD_1,前视 B 点,依次连续设站观测,直至最后回到 A 点。

(三)测量检核

(1)根据各测站高差,计算水准路线的高差闭合差,并检查高差闭合差是否超限,其限差公式为

$$f=\pm 12\sqrt{n}\ \text{mm 或 } f=\pm 40\sqrt{L}\ \text{mm}$$

式中　n——测站数;

L——水准路线的长度,km。

(2)若高差闭合差在容许范围内,则对高差闭合差进行调整,根据已知点的高程和改正后的高差,计算各待定点的高程。

五、实训教学考核评定

水准测量记录表见表 2-10,水准测量成果计算表见表 2-11。

表 2-10　水准测量记录表

点号	后视读数/m	前视读数/m	高差/m	高程/m	备注
A					已知 A 点高程
校核计算					

表 2-11　水准测量结果计算表

测站	水准路线长度 L/km	测站数 n	实测高差 m /m	改正数 v/m	改正后高差 /m	高程 /m	备注
$\sum$							

工作任务三　高程控制测量

一、任务概述

(一)应知应会

通过本工作任务的学习与具体实施,学生应学会下列知识。

(1)四等水准测量的方法和记录。

(2)四等水准测量的成果计算。

(3)三角高程成果计算。

通过本工作任务的学习与具体实施,学生应该掌握下列技能。

(1)布设四等水准路线。

(2)四等水准测量方法。

(3)三角高程测量方法。

(二)学习要求

(1)学生在上课前,应到本课程的网站中预习本工作任务的相关内容。

(2)本课程采用理实一体化的模式组织教学,学生在学习过程中,要注重理论与实践的结合,提高自己的动手能力。

(3)每个工作任务学习结束后,学生应独立完成任务工作单的填写。

二、相关知识

(一)三、四等水准测量

三、四等水准测量,除用于国家高程控制网的加密之外,还常用作小地区的首级高程控制,以及工程建设地区的工程测量和变形观测的基本控制。三、四等水准网应从附近的国家高一级水准点引测高程。

小区域高程控制网,应根据测区面积大小和工程要求采用分级的方法建立。在全测区范围内建立三、四等水准路线和水准网,再以三、四等水准点为基础,测定图根点的高程。

工程建设地区的三、四等水准点的间距可根据实际需要决定,一般为 1~2 km 一个,应埋设普通水准标石或临时水准点标志,亦可利用埋石的平面控制点作为水准点。在厂区内则注意不要选在地下管线上方,距离厂房或高大建筑物不小于 25 m,距振动影响区 5 m 以外,距回填土边不少于 5 m。

三、四等水准测量常用的观测方法是双面尺法。当采用双面尺法时,必须使用双面水准尺。双面水准尺尺长为 3 m,两根尺为一对。尺的双面均有刻划,一面为黑白相间,称为黑面尺(也称基本分划面);另一面为红白相间,称为红面尺(也称辅助分划面)。两面的刻划均为 1 cm,在分米处注有数字。两根尺的黑面尺尺底均从零开始,而红面尺尺底,一根从 4.687 m 开始,另一根从 4.787 m 开始。在视线高度不变的情况下,同一根水准尺的红面和黑面读数之差应等于常数 4.687 m 或 4.787 m，这个常数称为尺常数，用 K 来表示，以此可以检核读数是否正确。

1. 三、四等水准测量的技术要求

三、四等水准路线的布设，在加密国家控制点时，多布设为附和水准路线；在独立测区作为首级高程控制时，应布设成闭合水准路线。三、四等水准测量的主要技术要求见表 2-12 和表 2-13。

表 2-12　水准测量主要技术要求

等级	水准仪型号	视线长度/m	前后视距差/m	前后视距累计差/m	视线离地面最低高度/m	基本分划、辅助分划(黑红面)读数差/mm	基本分划、辅助分划(黑红面)所测高差之差/mm
三	DS_1	100	3	6	0.3	1.0	1.5
	DS_3	75				2.0	3.0
四	DS_3	100	5	10	0.2	3.0	5.0
五	DS_3	100	大致相等	—	—	—	—
图根	DS_{10}	≤100	—	—	—	—	—

注：(1)当成像显著清晰、稳定时，视线长度可以按表中规定放长 20%。

(2)当进行三、四等水准测量，采用单面尺变更仪器高度时，所测两高差之差，应与黑红面所测高差之差的要求相同。

表 2-13　水准路线测量主要技术要求

等级	水准仪型号	水准尺	路线长度/km	观测次数		每千米高差中误差/mm	往返较差、附和或环线闭合差	
				与已知点连测	附和或环线		平地/mm	山地/mm
三	DS_1	铟瓦	≤50	往返各一次	往一次	6	$12\sqrt{L}$	$4\sqrt{n}$
	DS_3	双面			往返各一次			
四	DS_3	双面	≤16	往返各一次	往一次	10	$20\sqrt{L}$	$6\sqrt{n}$
五	DS_3	单面	—	往返各一次	往一次	15	$30\sqrt{L}$	
图根	DS_{10}	单面	≤5	往返各一次	往一次	20	$40\sqrt{L}$	$12\sqrt{n}$

2. 三、四等水准测量的方法

(1)观测顺序

依据使用的水准仪型号及水准尺类型，三、四等水准测量的观测方法有所不同。以下介绍 DS_3 型水准仪及双面水准尺(简称为双面尺法)在一个测站上的观测步骤。

①瞄准后视黑面尺，读取下、上丝和中丝读数记入表 2-14 中(1)(2)(3)并计算(9)。

②瞄准前视黑面尺，读取下、上丝和中丝读数记入表 2-14 中(4)(5)(6)并依次计算(10)(11)(12)。

③瞄准前视红面尺，读取中丝读数，记入表 2-14 中(7)并计算(13)。

④瞄准后视红面尺，读取中丝读数，记入表 2-14 中(8)并依次计算(14)(15)(16)(17)和(18)。

表 2-14　三、四等水准测量记录、计算表(双面尺法)

测站编号	后尺 下丝	前尺 下丝	方向及尺号	标尺读数/m		K+黑—红	高差中数/m
	后尺 上丝	前尺 上丝		黑面	红面		
	后视距	前视距					
	视距差 d/m	视距累计差/m					
	(1)	(4)	后	(3)	(8)	(14)	(18)
	(2)	(5)	前	(6)	(7)	(13)	
	(9)	(10)	后—前	(15)	(16)	(17)	
	(11)	(12)					
1	1.571	0.739	后 106	1.384	6.171	0	+0.832 5
	1.197	0.363	前 105	0.551	5.239	−1	
	37.400	37.600	后—前	+0.833	+0.932	+1	
	−0.200	−0.200					
2	2.121	2.196	后 105	1.934	6.621	0	−0.074 5
	1.747	1.821	前 106	2.008	6.796	−1	
	37.400	37.500	后—前	−0.074	−0.175	+1	
	−0.100	−0.300					
3	1.914	2.055	后 106	1.726	6.513	0	−0.140 5
	1.539	1.678	前 105	1.866	6.554	−1	
	37.500	37.700	后—前	−0.140	−0.041	+1	
	−0.200	−0.500					
4	1.965	2.141	后 105	1.832	6.519	0	−0.174 5
	1.700	1.874	前 106	2.007	6.793	+1	
	26.500	26.700	后—前	−0.175	−0.274	−1	
	−0.200	−0.700					
每页校核	高差部分：32.700 m−31.814 m=0.886 m=2×0.443 m　校核合格 视距部分：$\sum(9)-\sum(10)=-0.7$ m　校核合格						

注意：一个测站全部记录、计算与校核完成并合格后方可搬站，否则必须重测。

一个测站上的这种观测顺序简称为“后—前—前—后”(或称黑、黑、红、红)。四等水准测量也可采用“后—后—前—前”(黑、红、黑、红)的顺序。

(2)测站的计算与校核

①视距计算

后视距离:(9)= 100[(1)-(2)]。

前视距离:(10)= 100[(4)-(5)]。

前后视距差:(11)= (9)-(10),此值应符合表 2-12 的要求。

前后视距累计差:(12)= 本站(11)+前站(12),此值应符合表 2-12 的要求。

②水准尺读数校核

前视黑、红读数差:(13)= $K_{前}$+(6)-(7)。

后视黑、红读数差:(14)= $K_{后}$+(3)-(8)。

K 为水准尺常数,如 $K_{105}=4.787$ m,$K_{106}=4.687$ m,即水准尺红面的起点读数。

理论上(13)(14)应等于零,不符值应满足表 2-12 的要求。

③高差计算

黑面高差:(15)= (3)-(6)。

红面高差:(16)= (8)-(7)。

黑、红面高差之差:(17)= (15)-(16)±0.100,此值应符合表 2-12 的要求。

计算校核:(17)= (14)-(13)。

最后得到平均高差:(18)= [(15)+(16)±0.100]/2。

式中 0.100 为前后尺常数 K 值之差。当 $K_{后}=4.687$ m 时,取"+";当 $K_{后}=4.787$ m 时,取"-"。

④每页计算校核

a. 高差部分

按页分别计算后视黑、红面读数总和与前视读数总和之差,它应等于黑、红面高差之和。

对于测站数为偶数:

$$\sum[(3)+(8)]-\sum[(6)+(7)]=\sum[(15)+(16)]=2\sum(18)$$

对于测站数为奇数:

$$\sum[(3)+(8)]-\sum[(6)+(7)]=\sum[(15)+(16)]=2\sum(18)\pm0.100$$

b. 视距部分

后视距总和与前视距总和之差应等于末站视距累计差。校核无误后,可计算水准路线的总长度:

$$L=\sum(9)+\sum(10)$$

3. 成果整理

在完成一测段单程测量后,必须立即计算其高差总和。完成一测段往返观测后,应立即计算高差闭合差,进行成果校核。其高差闭合差应符合表 2-13 的要求。然后按工作任务二讲述的平差计算对闭合差进行分配,最后按调整后的高差计算各水准点的高程。

(二)三角高程测量

当地形高低起伏较大不便于水准测量时,可以用经纬仪观测竖直角进行三角高程测量的方法。由于光电测距仪和全站仪的普及,人们可以用光电测距三角高程测量的方法来测定两点间的高差,从而推算各点的高程。光电测距三角高程测量的精度完全可以达到四等水准测量的要求。三角高程测量技术要求见表 2-15。

表 2-15　三角高程测量技术要求

等级	仪器	测回数		指标差较差/(″)	竖直角较差/(″)	对向观测高差较差/mm	附和或环线闭合差/mm
		三丝法	中丝法				
四等	DJ_2	—	3	≤7	≤7	$40\sqrt{D}$	$20\sqrt{\sum D}$
五等	DJ_2	1	2	≤10	≤10	$60\sqrt{D}$	$30\sqrt{\sum D}$
图根	DJ_6	—	1	—	—	≤400D	$40\sqrt{\sum D}$

注:(1)D 为电磁波测距边长度(km)。

(2)边长大于 400 m 时,应考虑地球曲率和大气折光的影响。

1. 三角高程测量的计算

(1)三角高程测量原理

三角高程测量是根据测站与待测点两点间的水平距离和测站向目标点所观测的竖直角,通过三角学的公式来计算两点间的高差。

已知 A 点的高程 H_A,要求测 A、B 两点间高差 h,计算 B 点的高程 H_B。在 A 点上安置经纬仪或全站仪,在 B 点竖立标尺或棱镜,量取仪器高 i、标尺高(棱镜高)l,测出竖直角 α,根据 A、B 两点的水平距离 D,按照下列公式可算出 B 点的高程。

A、B 两点间的高差为

$$h=D\tan\alpha+i-l \tag{2-12}$$

B 点的高程为

$$H_B=H_A+D\tan\alpha+i-l \tag{2-13}$$

若测得的是斜距 D',则 B 点的高程为

$$H_B=H_A+D'\sin\alpha+i-l \tag{2-14}$$

(2)地球曲率和大气折光对高差的影响

在对三角高程测量公式(2-12)、公式(2-13)的推导中,我们假设大地水准面是平面的,事实上大地水准面是一曲面,水准面曲率对高差测量是有影响的,因此由三角高程测量公式计算的高差应进行地球曲率影响的改正,称为球差改正数 f_1。另外由于受大气折光的影响,观测视线并非为一直线,而是一弧线,如用直线代替弧线,将对高差产生影响,所以还必须对这种影响进行大气折光的改正,称为气差改正数 f_2。球差改正和气差改正合称为球气差 f。

球气差 f 的最终公式为

$$f=0.43\frac{D^2}{R} \tag{2-15}$$

式中　D——两点间水平距离；

R——地球半径。

当 D 大于 300 m 时，必须考虑球气差影响，此时三角高程的高差公式为

$$h=D\tan\alpha+i-l+f \tag{2-16}$$

三角高程测量一般应进行往返观测，称为双向观测或对向观测，取对向观测的平均值作为高差结果时，可以抵消球气差的影响，所以三角高程测量一般都用对向观测法。

2. 三角高程测量的观测

三角高程测量根据采用的仪器不同而分为光电测距三角高程测量与经纬仪三角高程测量。三角高程测量一般分为两级，即四等和五等三角高程测量，它们可作为测区的首级控制。

下面就光电测距三角高程测量的观测与计算进行叙述。

(1)安置仪器与测站，量仪器高 i 和棱镜高 l，读数至毫米。

(2)用仪器测回法观测竖直角 1~3 个测回，前后半测回之间的较差及指标差如果符合表 2-15 的要求，则取其平均值作为最后的结果。

(3)三角高程测量的往测或返测高差按公式计算。由对向观测所求得往、返测高差(经球气差改正)，较差如果符合表 2-15 的要求，则取其平均值作为最后的结果。

采用全站仪进行三角高程测量时，可先将球气差改正数参数及其他参数输入仪器，然后直接测定测点高程。

三、任务实施

(一)准备工作

1. 领取仪器

自动安平水准仪 1 台、双面水准尺 1 对、尺垫 2 个、记录板 1 块。

2. 布置场地

采用上一任务的闭合水准路线。

(二)实施过程

(1)瞄准后视黑面尺，读取下、上丝和中丝读数记入表 2-16 中(1)(2)(3)并计算(9)。

(2)瞄准前视黑面尺，读取下、上丝和中丝读数记入表 2-16 中(4)(5)(6)并依次计算(10)(11)(12)。

(3)瞄准前视红面尺，读取中丝读数，记入表 2-16 中(7)并计算(13)。

(4)瞄准后视红面尺，读取中丝读数，记入表 2-16 中(8)并依次计算(14)(15)(16)(17)(18)。

表 2-16 三、四等水准测量记录、计算表(双面尺法)

测站编号	后尺 下丝 / 上丝	前尺 下丝 / 上丝	方向及尺号	标尺读数/m		K+黑—红	高差中数/m
	后视距	前视距		黑面	红面		
	视距差 d/m	视距累计差/m					
	(1)	(4)	后	(3)	(8)	(14)	(18)
	(2)	(5)	前	(6)	(7)	(13)	
	(9)	(10)	后—前	(15)	(16)	(17)	
	(11)	(12)					
每页校核							

注意:一个测站全部记录、计算与校核完成并合格后方可搬站,否则必须重测。

(三)计算检校

1. 计算高差闭合差,进行成果校核

限差容许值为

$$f=\pm 6\sqrt{n}\ \text{mm} \text{ 或 } f=\pm 20\sqrt{L}\ \text{mm}$$

2. 分配高程闭合差(表 2-17)

表 2-17　水准测量结果计算表

测段编号	点名	距离 L /km	测站数 n	实测高差 /m	改正数 /m	改正后的高差/m	高程/m	备注
$\sum$								
辅助计算								

四、任务工作单

任务工作单见表 2-18。

表 2-18　任务工作单

学习情境:高程测量 工作任务:高程控制测量	班级		日期	
	姓名			
	学号		评分	

1. 任务内容

(1)四等水准测量方法并熟悉记录表格。

(2)四等水准测量的检核。

(3)四等水准测量的成果计算。

2. 基本知识

(1)写出四等水准测量的计算公式和记录表格。

(2)四等水准测量的检核方法?

3. 任务实施

(1)在老师的指导下布设好四等水准路线,至少 4 个水准点以上。

(2)按测量方案完成四等水准测量及相关数据的计算。

(3)测量工作完成后,还应按一定的检校方法对测量结果进行检查,确保测量结果的正确性及精度。养成检校的习惯,组与组之间要多交流,共同探讨,获取处理及测量结果的整理方法。

(4)完成本任务的测量数据的处理及结果的整理。

4. 任务小结

通过此工作任务的实施,各小组集中完成下述工作。

(1)你认为本次教学是否达到预期目的,还有什么意见和建议?

(2)四等水准记录表格如何记录、计算?

表 2-18(续)

(3)四等水准测量的数据如何判断是否为有效数据?

(4)不同的数据超限后该如何处理?

(5)某测区布设一条四等闭合水准路线,已知水准点 BM_0 的高程为 500.310 m,各测段的高差(m)及单程水准路线长度(km)如下图所示,试计算 1、2、3 三个待定水准点的高程。

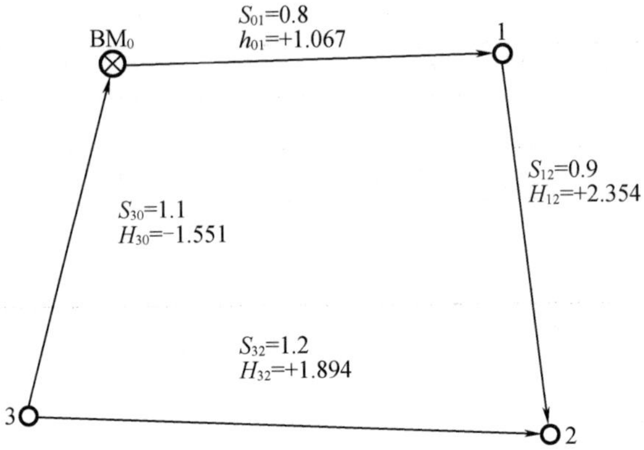

实操三　三、四等水准测量

一、实训目的

(1)掌握用双面水准尺进行三、四等水准测量的观测、记录、计算方法。

(2)熟悉三、四等水准测量的主要技术指标,掌握测站及水准路线的检核方法。

二、实训工具及设备

(1)自动安平水准仪 1 台、双面水准尺 1 对、尺垫 2 个、记录板 1 块、测伞 1 把、木桩或油漆若干。

(2)由指导老师指定实训场地并选定两点 *A*、*B*。

三、实训注意事项

(1)每测站观测结束,应立即进行计算检核,若有超限则重测该测站。全路线施测、算完毕,各项检核均符合,路线闭合差也在限差之内,即可收测。

(2)有关技术指标的限差要查规范。

(3)注意记录数据规范清晰,不得涂改。

(4)要求每位同学掌握一个测站的观测、记录和计算。

四、实训内容

本实验以 DS_3 水准仪为例,进行详细的实验过程叙述。

(1)选定一条闭合或附合水准路线,其长度以安置 4~6 个测站为宜。沿线设置待定点的地面标志。

(2)在起点与第一个立尺点之间设站,按以下顺序进行观测。

①后视水准尺黑面——读取下、上丝,中丝读数。

②前视水准尺黑面——读取下、上丝,中丝读数。

③前视水准尺红面——读取中丝读数。

④后视水准尺红面——读取中丝读数。

这种观测顺序简称“后—前—前—后”。四等水准测量测站观测次序也可采用“后—后—前—前”的观测顺序。

(3)当一个测站观测记录完毕,随即进行下列计算。

①前、后视距(即上、下丝读数差乘以 100,单位为 m)。

②前后视距差,前后视距累积差,基、辅分划读数差(即同一水准尺的黑面读数+常数 K—红面读数),红黑面高差之差及高差中数,各测站后视读数和,各测站前视读数和,各测站高差中数之和。

③路线闭合差(应符合限差要求)。

④各站高差改正数及各待定点的高程。

五、实训教学考核评定(表 2-19)

表 2-19　四等水准测量观测记录手簿

天气:　　　　　　班级:　　　　　　小组:　　　　　　观测:　　　　　　记录:

<table>
<tr><td rowspan="4">测站编号</td><td rowspan="2">后尺</td><td>下丝</td><td rowspan="2">前尺</td><td>下丝</td><td rowspan="4">方向及尺号</td><td colspan="2" rowspan="2">标尺读数/m</td><td rowspan="4">K+黑—红</td><td rowspan="4">高差中数/m</td><td rowspan="4">备注</td></tr>
<tr><td>上丝</td><td>上丝</td></tr>
<tr><td colspan="2">后视距</td><td colspan="2">前视距</td><td rowspan="2">黑面</td><td rowspan="2">红面</td></tr>
<tr><td colspan="2">视距差 d/m</td><td colspan="2">视距累计差/m</td></tr>
<tr><td rowspan="4"></td><td colspan="2"></td><td colspan="2"></td><td>后</td><td></td><td></td><td></td><td></td><td></td></tr>
<tr><td colspan="2"></td><td colspan="2"></td><td>前</td><td></td><td></td><td></td><td></td><td></td></tr>
<tr><td colspan="2"></td><td colspan="2"></td><td>后—前</td><td></td><td></td><td></td><td></td><td></td></tr>
<tr><td colspan="2"></td><td colspan="2"></td><td></td><td></td><td></td><td></td><td></td><td></td></tr>
<tr><td rowspan="4"></td><td colspan="2"></td><td colspan="2"></td><td>后</td><td></td><td></td><td></td><td></td><td></td></tr>
<tr><td colspan="2"></td><td colspan="2"></td><td>前</td><td></td><td></td><td></td><td></td><td></td></tr>
<tr><td colspan="2"></td><td colspan="2"></td><td>后—前</td><td></td><td></td><td></td><td></td><td></td></tr>
<tr><td colspan="2"></td><td colspan="2"></td><td></td><td></td><td></td><td></td><td></td><td></td></tr>
</table>

表 2-19(续)

测站编号	后尺 下丝	前尺 下丝	方向及尺号	标尺读数/m		K+黑—红	高差中数/m	备注
	后尺 上丝	前尺 上丝		黑面	红面			
	后视距	前视距						
	视距差 d/m	视距累计差/m						
			后					
			前					
			后—前					
			后					
			前					
			后—前					

学习情境三　平面测量

情境概述

一、职业能力分析

(1)熟练掌握全站仪、罗盘仪的使用。

(2)熟练掌握测角、测距、测坐标的原理和方法。

(3)熟练掌握平面控制测量的原理和方法。

二、学习情境描述

施工单位进场后,根据甲方提供的场外已知高级控制点的平面坐标,在施工场地内,选择合适位置标记若干控制点,建立平面控制网并计算或测定出其平面坐标。利用这些平面控制点的平面坐标来指导施工人员进行测量碎部点或施工放样。

三、教学环境要求

学习情境要求在理实一体化专业教室和室外实训完成,要求每组配备全站仪、棱镜、脚架、罗盘仪各1套,可以用于查询资料的电脑、任务工作单、多媒体教学设备、课件和视频教学资料等。

学生每6人一个小组,各组独立完成相关的工作任务,并在教学完成后提交任务工作单。

工作任务一　平面测量仪器使用

一、任务概述

(一)应知应会

通过本工作任务的学习与具体实施,学生应学会下列知识。

(1)测角、量边、测方位角的工作原理。

(2)测角、量边、测方位角的测量方法。

(3)全站仪、罗盘仪的操作。

通过本工作任务的学习与具体实施,学生应掌握下列技能。

(1)全站仪的操作。

(2)全站仪测角、测距的方法。

(3)罗盘仪测方位角的方法。

(二)学习要求

(1)学生在上课前,应到本课程的网站中预习本工作任务的相关内容。

(2)本课程采用理实一体化的模式组织教学,学生在学习过程中,要注重理论与实践的结合,提高自己的动手能力。

(3)每个工作任务学习结束后,学生应独立完成任务工作单的填写。

二、相关知识

平面测量是确定点位在平面坐标上的位置,而角度、距离、直线方向是平面测量的几个要素。

(一)角度测量

测量工作中为确定地面点的空间位置,角度是需要测量的基本要素之一,所以角度测量是一种基本的测量工作。角度可分为水平角和竖直角。

1. 水平角

水平角是指从空间一点出发的两个方向在水平面上的投影所夹的角度,通常用 β 表示,一般在确定点的平面位置时测量。如图 3-1(a)所示,设有地面直线 BA 和 BC 相交于点 B,构成空间角度 $\angle ABC$,则两方向 BA 和 BC 构成的水平角为 $\angle A_1B_1C_1$,也就是过直线 BA 的竖直面和过直线 BC 的竖直面所夹的二面角的平面角 β。水平角的取值范围为 0°~360°,没有负值。

2. 竖直角

竖直角是在同一个竖直面内视线与水平线的夹角,通常在换算垂距(高差)或平距等时测量。如图 3-1(b)所示,两方向 BA 和 BC 的竖直角 α_A 和 α_C。视线在水平线之上,称为仰角,符号为"+";视线在水平线之下,称为俯角,符号为"-"。竖直角理论取值范围为 0°~±90°。有时也测量天顶距(同一个竖直面内天顶方向与视线的夹角),通常用 Z 表示,取值范围为 0°~180°,同一目标的天顶距与竖直角之和为 90°。

经纬仪就是依照水平角和竖直角的测量原理生产出来的专门进行角度测量的仪器。经纬仪的种类较多,目前使用的有光学经纬仪和电子经纬仪。光学经纬仪是利用光学度盘和光学读数设备来实现角度测量的;而电子经纬仪是利用光电扫描度盘自动显示度数于显示屏上的,如编码度盘、光栅度盘和格区度盘。全站仪测角将在全站仪使用中专门讲述。

(二)距离测量

距离测量是测量的基本工作之一。测量中常需测量两点间的水平距离,所谓水平距离是指空间上两点垂直投影到水平面上的直线距离。实际工作中,需要测定距离的两点一般不在同一水平面上,沿地面直接测量所得距离往往是倾斜距离,需将其换算为水平距离,如

图 3-2 所示。测定距离的方法有钢尺量距、直线定线、全站仪测距等。

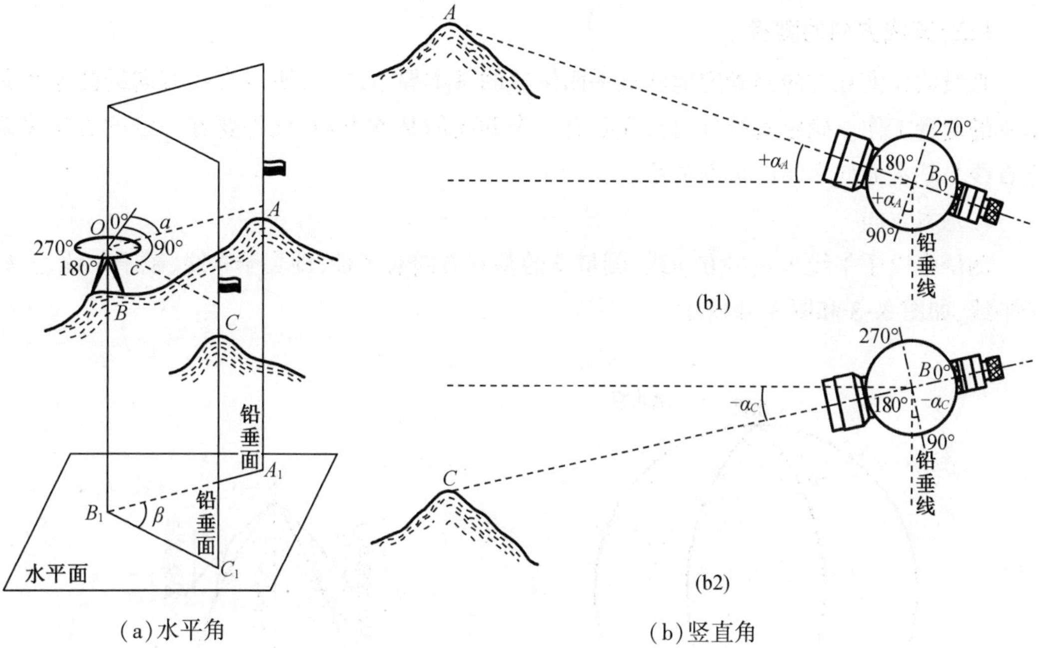

图 3-1　测角的原理

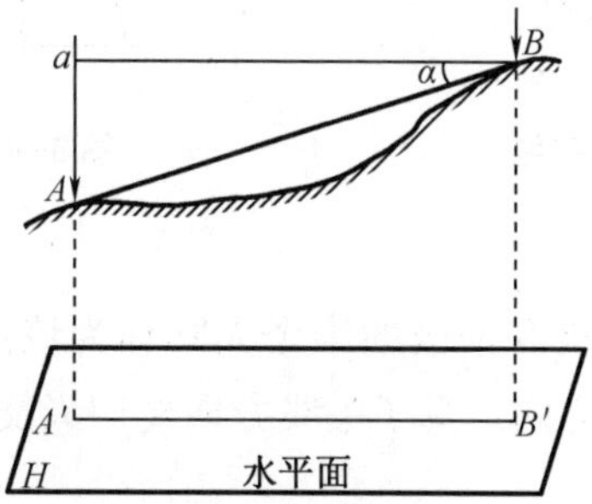

图 3-2　距离测量的原理

1. 钢尺量距

钢尺量距是利用具有标准长度的钢尺直接量测两点间的距离。钢尺量距按丈量方法的不同分为一般量距和精密量距。一般量距读数至厘米，精度可达 1/3 000 左右；精密量距读数至亚毫米，精度可达 1/3 万（钢卷带尺）及 1/100 万（铟瓦线尺）。由于光电测距的普及，在现今的测量工作中已很少使用钢尺量距。

2. 直线定线

在用钢尺进行距离测量时，若地面上两点间的距离超过一整尺段，或地势起伏较大，此时要在直线方向上设立若干中间点，将全长分成几个等于或小于尺长的分段，以便分段丈量，这项工作称为直线定线。在一般距离测量中常用目估定线法，而在精密距离测量中则采用经纬仪定线法。

3. 全站仪测距

全站仪测距方法将在全站仪使用中专门讲述。

(三)直线方向的测量

直线的长度和方向是确定地面点平面位置的基本要素之一,所以直线方向的测量也是基本的测量工作。确定直线方向首先要有一个共同的基本方向,此外要有一定的方法来确定直线与基本方向之间的角度关系。

1. 基本方向

测量中以子午线为基本方向线,测量学的基本方向有 3 种,即真子午线、磁子午线、坐标子午线,如图 3-3 和图 3-4 所示。

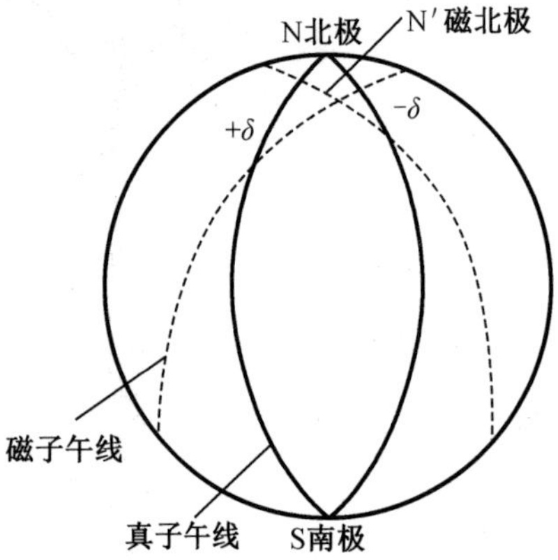

图 3-3 真子午线和磁子午线

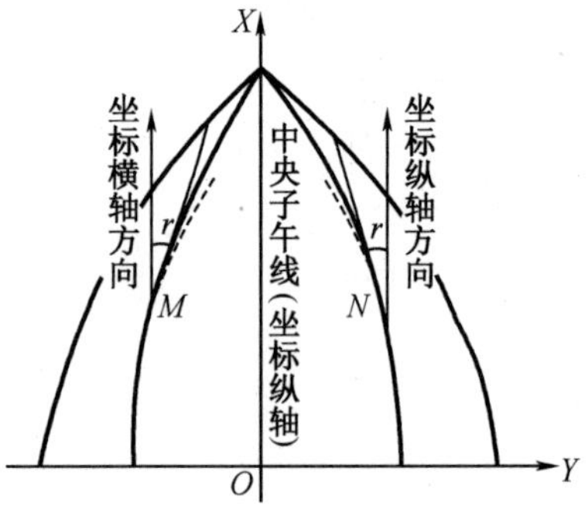

图 3-4 坐标子午线(坐标纵轴)

(1)真子午线方向

过地球上某点及地球的北极和南极的半个大圆称为该点的真子午线。真子午线方向指出地面上某点的真北和真南方向。真子午线方向要用天文观测方法、陀螺经纬仪和 GPS 来测定。

(2)磁子午线方向

过地球上某点及地球南北磁极的半个大圆称为该点的磁子午线,所以自由旋转的磁针静止下来所指的方向,就是磁子午线方向。磁子午线方向可用罗盘仪来确定。地磁的两极与地球的两极并不一致,北磁极约位于西经 100.0°,北纬 76.1°;南磁极约位于东经 139.4°,南纬 65.8°。所以同一地点的磁子午线方向与真子午线方向不能一致,其夹角称为磁偏角,用符号 δ 表示。由于地球磁极的位置不断地在变动,以及磁针受局部吸引等影响,磁子午线方向不宜作为精确定向的基本方向。但因为用磁子午线定向方法简便,所以在独立的小区域测量工作中仍可采用。

(3)坐标子午线方向

不同点的真子午线方向或磁子午线方向都是不平行的,这使直线方向的计算很不方便。采用坐标纵轴方向作为基本方向,这样各点的基本方向都是平行的,使方向的计算也十分方便。通常取测区内某一特定的子午线方向作为坐标纵轴,在一定范围内以坐标纵轴方向作为基本方向，如图 3-4 所示。

2. 方位角

确定直线的方向就是确定直线与基本方向之间的夹角，这个夹角称为方位角。

由基本方向的指北端起，按顺时针方向量到直线的水平角为该直线的方位角，所以方位角的取值范围为 0°～360°，如图 3-5 所示。

以真子午线北端起算的方位角为真方位角，用 A 表示，可用陀螺经纬仪或 GPS 测定。

以磁子午线北端起算的方位角为磁方位角，用 A_m 表示，可用罗盘仪测定。

由坐标子午线（坐标纵轴）起算的方位角，称为坐标方位角，用 α 表示。

正反方位角：设直线 AB 前进方向的 α_{AB} 为正方位角，其反方向 BA 的方位角 α_{BA} 为反方位角，同一条直线的正、反方位角相差 180°，如图 3-6 所示。

$$\alpha_{正}=\alpha_{反}\pm180°$$

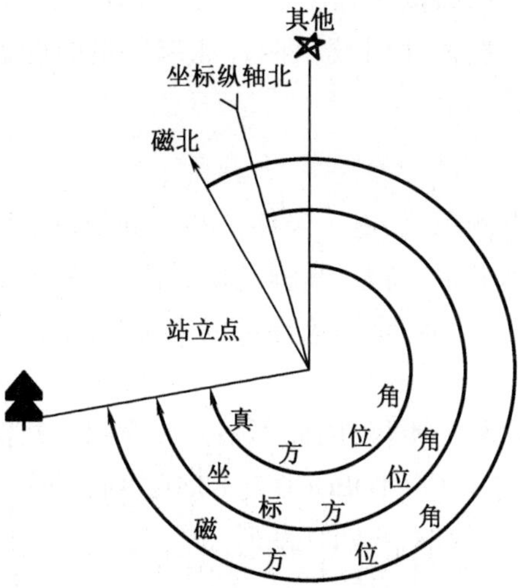

图 3-5 方位角

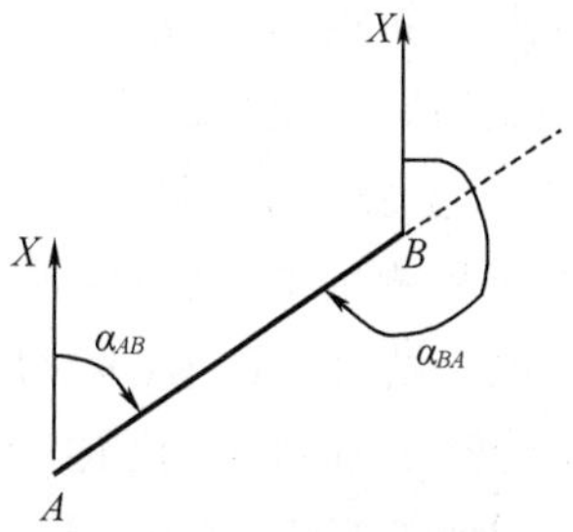

图 3-6 正反方位角

3. 罗盘仪的使用

罗盘仪是测量磁方位角所用的仪器（利用磁针的方向）。

（1）罗盘仪的构造（DQL-1 型）

罗盘仪由望远镜、罗盘盒、基座三部分组成，如图 3-7 所示。

①望远镜：瞄准设备，观测时用来瞄准直线的方向。

②罗盘盒：有磁针和刻度盘。磁针安装在度盘中心顶针上，可自由转动，为减少顶针的磨损，不使用时可用固定螺旋将磁针升起固定在玻璃盖上。刻度盘为金属圆盘，全圆刻度为 360°，最小刻划为 1°，从 1°起逆时针方向每隔 10°注一数字。

③基座：是一种球臼接头螺旋，摆动罗盘盒使水准器气泡居中，再旋紧球臼连接螺旋，度盘处于水平位置。

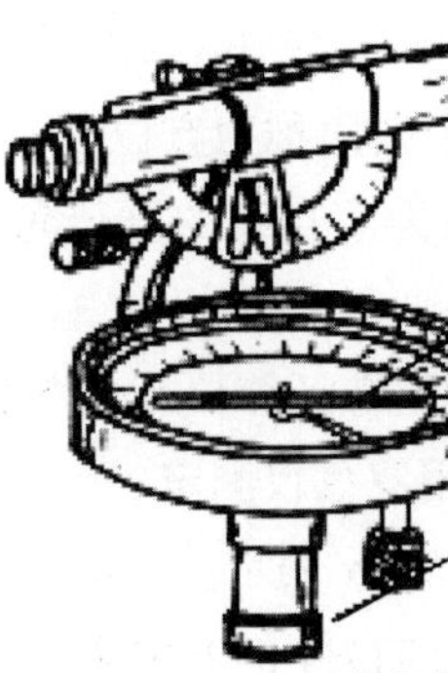

(a)罗盘仪构造

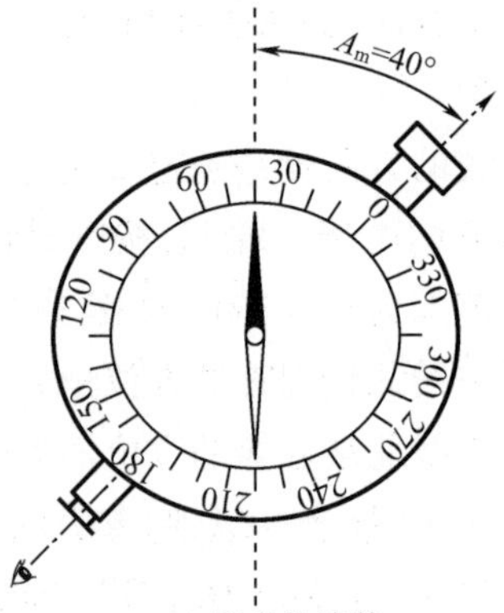

(b)罗盘仪读数

图 3-7 罗盘仪构造和读数

(2)罗盘仪使用步骤

将罗盘仪安在直线的一端点上,用垂球对中,用球臼接头螺旋整平,用望远镜照准直线的另一端点;松开磁针的固定螺旋,使磁针自由转动,静止时读出磁针北端所指的度盘读数。磁针使用完毕后,磁针应用顶针顶起。

(四)全站仪的使用

全站仪,是全站型电子速测仪的简称,它由光电测距仪、电子经纬仪和数据处理系统组成。它通过测量斜距、竖直角度、水平角,自动计算平距、高差、高程及坐标值等,并可以进一步进行距离、角度、坐标放样等。通过内置的程序功能,全站仪还可以实现悬高、偏心测量、面积测量甚至公路中线测量等。

如今的工程测量中,全站仪基本取代了经纬仪和测距仪,因此本书主要介绍全站仪的使用。常见的全站仪有日本(SOKKIA)SET 系列、拓普康(TOPOCON)GTS 系列、尼康(NIKON)DTM 系列、瑞士徕卡(LEICA)TPS 系列,我国的 NTS 和 ETD 系列。

1. 全站仪的主要技术特点

全站仪实现了测角、测距两者的同时信息化,仪器内置微处理器,其观测程序控制、观测信息处理均由微处理器完成,实现了观测结果完全信息化,观测信息处理测站自动化、实时化,并可实现观测数据的野外实时存储,以及内业输出等。和以往的单一的电子测角和电子测距相比,全站仪的特点是观测信息处理自动化、测站实时化,极大地方便了测量工作。归纳起来,其主要功能特点如下。

(1)仪器操作简单、高效,具有现代测量工作所需的所有功能。

(2)快速安置。简单地整平和对中后,仪器一开机便可工作。仪器具有专门的动态角扫描系统,因此无须初始化。关机后,仍会保留水平和垂直度盘的方向值。电子“气泡”有图示显示并能使仪器始终保持精密置平。

(3)全站仪设有双向倾斜补偿器,可以自动对水平和竖直方向进行修正,以消除竖轴倾斜误差的影响。其还可进行折光误差以及温度、气压等改正。

(4)控制面板具有人机对话功能。控制面板由键盘和主、副显示窗组成。除照准以外的各种测量功能和参数均可通过键盘来实现,仪器的两侧均有控制面板,操作十分方便。

(5)现代全站仪一般具有大容量的内存,并采用国际计算机通用磁卡。所有测量信息都可以文件形式记入磁卡或电子记录簿。

(6)具有双向通信功能,可将测量数据传输给电子手簿或外部计算机,也可接收电子手簿和外部计算机的指令与数据。

2. 全站仪的结构及键盘设置

GTS 系列全站仪的外貌和结构如图 3-8 所示。由图 3-8 可见,其结构与光学经纬仪相似,区别主要是望远镜体积庞大,这是红外测距的照准头与望远镜合为一体的缘故。显示屏一般上面的几行显示观测数据,底行显示软键的功能,它随测量模式的不同而变化。

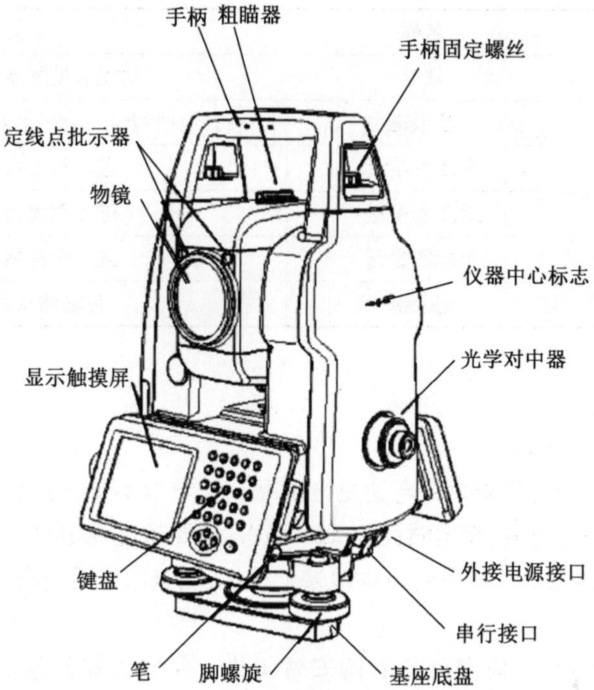

图 3-8　GTS 系列全站仪的外貌和结构

GTS 系列显示屏所显示的符号含义和显示键的含义见表 3-1 和表 3-2。

表 3-1　GTS 系列全站仪显示屏所显示的符号含义表

符号	含义	符号	含义
V	垂直角	(m)	以米为单位
坡度	坡度	(f)	以英尺为单位
HR	水平角(右角)	F	精测模式
HL	水平角(左角)	C	粗测模式
HD	水平距离	T	跟踪模式
VD	垂直距离	R	重复测量
SD	倾斜距离	S	单次测量

表 3-1(续)

符号	含义	符号	含义
N	北坐标	N	*N* 次测量
E	东坐标	PPM	气象改正值
Z	高程	PSM	棱镜常数
*	正在测距	—	—

表 3-2　GTS 系列全站仪显示屏显示键含义表

按键	名称	功能
F1~F4	软键	功能参见所显示的信息
ESC	退出键	退回到前一个显示屏或前一个模式
ANG	角度测量键	进入角度测量模式
	距离测量键	进入距离测量模式
	坐标测量键	进入坐标测量模式
REC	记录键	传输测量的结果

3. 全站仪的测量

(1)全站仪的技术操作

全站仪在测量前首先检查内部电池充电情况。如电量不足,要及时充电。充电时须用仪器自带的充电器进行充电,充电时间为 12~15 h,不要超过规定时间。若时间紧迫,可采用 80 min 快速充电器充电。测量时将电池装上使用,测量结束后应将电池卸下并放置在规定位置。

电池充电情况检查后,应进行仪器的安置工作。仪器的安置包括对中和整平两项工作。GTS 系列全站仪装有尺寸较大的光学对中器,正像,放大倍率为 3 倍,使用起来较为方便。通常对中均采用光学对中器,因此对中和整平可结合进行,操作步骤如下。

①将三脚架置于测站点上,使高度合适,架头大致水平,其中心约在测站点的铅垂线上,然后踩实三脚架。

②将仪器从箱中取出,安装在三脚架上。调整光学对中器的目镜,使分划板十字丝看得清楚,然后转动调焦环看清测站点。

③调整 3 个脚螺旋,使光学对中器的十字丝交点对准测站点。

④调整三脚架的伸缩螺旋,使圆水准器气泡居中。

⑤用照准部水准管严格整平仪器,观察光学对中器的十字丝交点是否仍对准测站点。如果没有偏离,安置结束。

⑥当有少许偏离时(一般是很小的),稍稍松开三脚架的连接螺旋,用手轻微移动仪器并调整其位置,使光学对中器十字丝交点对准测站点,再检查整平情况,如此反复,直到严格整平后,光学对中器十字丝交点对准测站点为止。

准备工作完成后,可点击“Standard Meas”(标准测量)图标,进入标准测量模式。标准测量模式可分为角度测量模式、距离测量模式、坐标测量模式 3 种。测量时，根据实际情况，任选一种测量模式进行测量工作。本书主要介绍这 3 种测量模式。

(2)角度测量模式

①照准第一个目标 A。

②按[F1](置零)键和[是]键，设置目标 A 的水平角读数为 0°00′00″。

③照准第二个目标 B，此时仪器显示目标 B 的水平角和竖直角。

(3)距离测量模式

①连续测量

首先要确认是在距离测量模式下，以水平距离测量为例，按以下步骤进行操作。

a. 将望远镜照准棱镜中心。

b. 按◢键，进行距离测量，当测距正在进行时，“★”号就会出现在显示屏上。

c. 显示测量结果。

②放样

该功能可显示测量的距离与预置距离之差，显示值为观测的距离与预置距离之差。可进行各种距离模式，如水平距离(HD)、垂直距离(VD)或倾斜距离(SD)的放样。

以水平距离的放样为例，按以下步骤进行操作。

a. 在距离测量模式下按[F4](P1)，进入第 2 页。

b. 按[F1](S. O)键，显示当前的设置值。

c. 按[HD][VD]或[SD]键，选择已知距离的模式，本例为水平距离测量，故选择[HD]键。

d. 输入要放样的已知距离，如 12. 345 m。

e. 按[设置]键。

f. 将望远镜瞄准棱镜，仪器屏幕上即显示出测量距离与设置距离之差。

(4)坐标测量模式

全站仪可以直接测算出测点的三维坐标，即 $N(x)$、$E(y)$ 和 $Z(h)$ 坐标。如图 3-9 所示，B 为测站点，A 为后视点，两点坐标(N_B,E_B,Z_B)和(N_A,E_A,Z_A)已知，测取测点 1 的坐标。

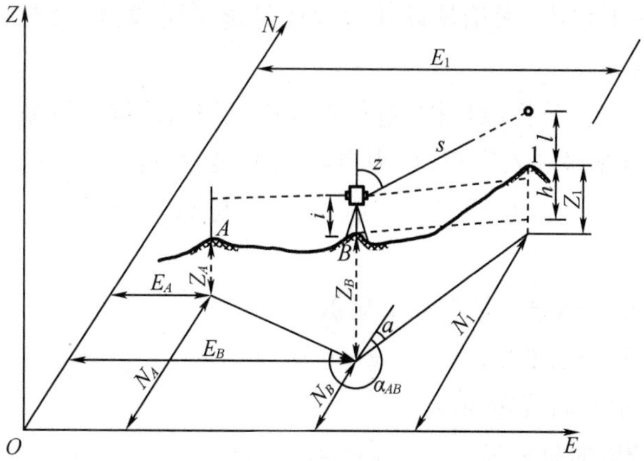

图 3-9　全站仪测坐标

在将测站点和后视点坐标输入全站仪后，仪器能自动计算 BA 边的坐标方位角。在瞄准后视点后，通过键盘操作，能将水平度盘读数设置为计算出的该方向的坐标方位角，即 N 方向的水平度盘读数为 0°。此时仪器的水平度盘读数就与坐标方位角值相一致。当用仪器瞄准 1 点后，显示的水平角就是测站至 1 点的坐标方位角值。测出测站至 1 点的距离后，1 点的坐标即可按公式算出。实际上，上述计算是由全站仪机内软件计算完成的，通过操作键盘即可直接得到测点坐标。

①设置测站点坐标

确认在坐标测量模式下，可按下述步骤进行操作。

a. 按[↗]键。

b. 按[F4](P1)键，进入第 2 页。

c. 按[F3](测站)键，显示以前的测站坐标。

d. 按[N]，输入 N 坐标，点击[设置]。

e. 按[E]，输入 E 坐标，点击[设置]。

f. 按[H]，输入 H 坐标(高程)，点击[设置]，即完成测站点坐标的设置。

g. 输入仪器高和目标高。仪器高是指仪器的横轴至测站点的垂直高度，目标高是指棱镜中心至测点的垂直高度，两者均须用钢尺量得。

②设置后视点坐标

a. 按后视键，显示以前的后视点坐标。

b. 按[N]，输入 N 坐标，点击[设置]。

c. 按[E]，输入 E 坐标，点击[设置]。

d. 按[H]，输入 H 坐标(高程)，点击[设置]，即完成后视点坐标的设置

③坐标测量的操作

a. 照准目标点的棱镜。

b. 按[↗]键，开始坐标测量。

(5)放样测量

放样测量是根据点的设计坐标，或与控制点的边、角关系，为将该点在实地标定出来所进行的测量工作。在工程中，无论是设计阶段还是施工阶段，均会遇到许多放样工作。公路与桥梁工程中尤其如此。

在全站仪面板中，按[放样/点]键，进行点放样的初始数据进行输入。

当放样点的初始数据输入完毕，后视点检查无误后，可以按[放样]键进行点的放样。放样窗口反映了放样的过程，显示出了当前点名、目标点、当前位置、方向和测站与目标点的距离，如图 3-10 所示。

选择角度测量模式，信息区域有如下显示。

①[方向值]：应有的水平角。

②[转动]：按指示方向旋转角度。

a. ↻：将全站仪顺时针旋转。

b. ↺：将全站仪逆时针旋转。

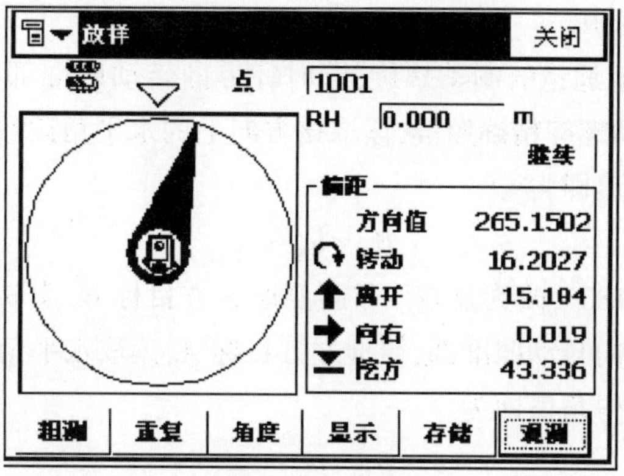

图 3-10　放样窗口显示

③[指向/离开]:放样水平距离和测量水平距离之间的水平距离。

a. ↓指向:将棱镜向全站仪移近。

b. ↑离开:将棱镜远离全站仪。

④[向右/向左]:

a. ➡右:向右手方向(从全站仪方向看)移动棱镜。

b. ⬅左:向左手方向(从全站仪方向看)移动棱镜。

⑤[挖方/填方]:调整从棱镜到目标的垂直距离。

a. 填方:将棱镜调高。

b. 挖方:将棱镜调低。

(五)角度测量方法和检核

1. 水平角测量

水平角的观测方法有多种,工程上最常用的是测回法和方向观测法,本书介绍测回法测水平角。

当所测的角度只有两个方向时,通常都用测回法观测。如图 3-11 所示,欲测 OA、OB 两方向之间的水平角 $\angle AOB$ 时,在角顶 O 安置全站仪,在 A、B 处设立观测标志。经过对中、整平以后,即可按下述步骤观测。

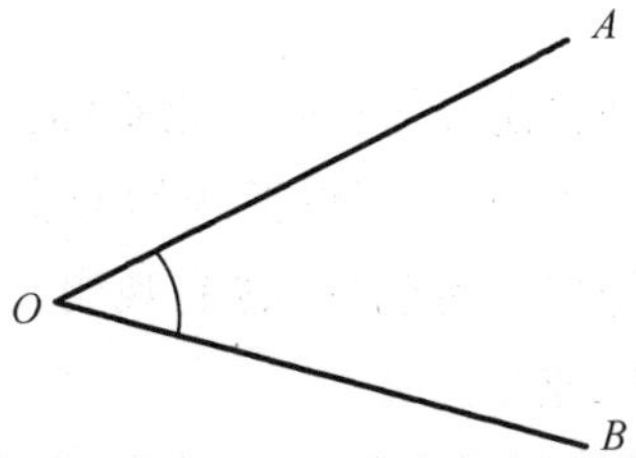

图 3-11　测回法测水平角

(1)利用望远镜上的粗瞄器,以盘左(竖盘在望远镜视线方向的左侧时称盘左)粗略照

准左方棱镜 A。关紧照准部及望远镜的制动螺旋，再用微动螺旋精确照准棱镜。将 A 点角度 $a_{左}$ 置零并记录于表格中。

(2)松开照准部及望远镜的制动螺旋，顺时针方向转动照准部，粗略照准右方目标 B；再关紧制动螺旋，用微动螺旋精确照准，读取该方向上的水平角读数 $b_{左}$ 并记录，此过程称为上半测回。盘左所得角值即为

$$\beta_{左}=b_{左}-a_{左} \tag{3-1}$$

(3)将望远镜纵转 180°，改为盘右。重新照准右方目标 B，读取水平角读数 $b_{右}$ 并记录。然后顺时针或逆时针方向转动照准部，照准左方目标 A，读取水平角读数 $a_{右}$ 并记录，此过程称为下半测回。盘右所得角值即为

$$\beta_{右}=b_{右}-a_{右} \tag{3-2}$$

水平角记录表格见表 3-3。

表 3-3 水平角记录表格

测站	测点	盘位	水平度盘读数 /(° ′ ″)	水平角值 /(° ′ ″)	平均角值 /(° ′ ″)	备注
1	2	3	4	5	6	7
O	*A*	左	00 00 00	72 36 00	72 36 10	$\Delta\beta=20''$
	B		72 36 00			
	B	右	252 37 20	72 36 20		
	A		180 01 00			

(4)检核并成果计算。上、下两个半测回所得角值之差，应满足有关测量规范规定的限差，限差一般为 40″。如果超限，则必须重测。如不超限，可取两个半测回的平均值作为一个测回的角值，即

$$\Delta\beta=|\beta_{左}-\beta_{右}|\leqslant 40'' \tag{3-3}$$

$$\beta=\frac{\beta_{左}+\beta_{右}}{2} \tag{3-4}$$

两个方向相交可形成两个角度，计算角值时始终应以左边方向的读数减去右边方向的读数。如果左边方向读数小于右边方向读数，则应先加 360°后再减。

2. 竖直角测量

由竖直角的定义可知，它是倾斜视线与在同一铅垂面内的水平视线所夹的角度。由于水平视线的读数是固定的，所以只要读出倾斜视线的竖直角读数，即可求算出竖直角值。但为了消除仪器误差的影响，同样需要用盘左、盘右观测。其具体观测步骤如下。

(1)在测站上安置仪器，对中，整平。

(2)以盘左照准目标，然后读取竖盘读数 L 并记录，此过程称为上半测回。

(3)将望远镜倒转，以盘右用同样方法照准同一目标，读取竖盘读数 R 并记录，此过程称为下半测回。

(4)竖直角计算。架设仪器,使仪器处于盘左状态,然后慢慢抬高望远镜的物镜,若竖盘读数逐渐增大,说明竖盘是逆时针注记,否则,是顺时针注记。

①竖盘逆时针注记时计算公式:

$$\text{盘左}\ \alpha_L = L - 90°$$
$$\text{盘右}\ \alpha_R = 270° - R \tag{3-5}$$

②竖盘顺时针注记计算公式:

$$\text{盘左}\ \alpha_L = 90° - L$$
$$\text{盘右}\ \alpha_R = R - 270° \tag{3-6}$$

竖直角观测表格见表3-4。

表3-4 竖直角观测表格

测站	测点	盘位	竖盘度数 /(° ′ ″)	竖直角 /(° ′ ″)	平均角值 /(° ′ ″)	备注
O	*A*	左	80 05 20	+9 54 40	+9 54 30	
		右	279 54 20	+9 54 20		

(5)检核及成果计算

上述竖直角的公式是认为竖盘指标处在正确位置时得出的,是一种理想状态,但实际上这种情况是无法实现的,竖盘指标与90°或270°这个整数相差一个 x 角,此 x 角称为竖盘指标差。在竖直角测量中,常常用指标差来检验观测的质量,即在观测的不同测回中或不同的目标时,指标差的较差应不超过规定的限值。指标差的较差要求不超过15″。若不超过限差,则取两个半测回的平均值作为竖直角。

$$x = \frac{L+R-360°}{2} \tag{3-7}$$

$$\alpha = \frac{\alpha_L + \alpha_R}{2} \tag{3-8}$$

3. 测角误差分析及减弱措施

(1)仪器误差

①照准部偏心误差:是由照准部旋转中心与度盘分划中心不重合造成的,可采取盘左、盘右取平均值消除。

②度盘刻划误差:度盘制造时刻划不标准产生的,每一测回变换度盘位置可消除。

③视准误差(c):视准轴不垂直于横轴时产生的误差,可采取盘左、盘右取平均值消除。

④横轴误差:横轴不垂直于竖轴时产生,可采取盘左、盘右取平均值消除。

⑤竖轴误差:竖轴不铅垂时产生的,不能用盘左、盘右取平均值消除,只能尽可能精确精平。

(2)观测误差

①仪器对中误差:仪器中心与测站点不在同一铅垂线上产生的,只能精确对中来减弱。

②目标偏心误差：觇标中心偏离目标标石中心，只能目标棱镜精确对中来减弱。

③照准误差：未精确瞄准目标的几何中心，选择较好的观测环境，尽可能地瞄准目标中心。

④视差和十字丝不清晰的影响：目标成像不在十字丝板上引起的误差，观测时认真调焦可减弱。

（六）距离测量方法及检核

在距离测量的两个点上分别安置全站仪和棱镜，用全站仪照准棱镜中心，测出两点间距离，记录在表3-3中，此为往测；将全站仪和棱镜互换位置，测出两点间距离，记录在表3-4中，此为返测。

为了避免错误和判断丈量结果的可靠性，并提高丈量精度，距离丈量要求往返丈量。用往返丈量的较差 ΔD 与平均距离 $D_{平}$ 之比来衡量它的精度，此比值用分子为1的分数形式来表示，称为相对误差 K，即

$$\Delta D=D_{往}-D_{返},D_{平}=\frac{1}{2}(D_{往}+D_{返}) \tag{3-9}$$

$$K=\frac{\Delta D}{D_{平}}=\frac{1}{D_{平}/|\Delta D|} \tag{3-10}$$

如相对误差在规定的允许限度内，即 $K\leqslant K_{容}$，可取往返丈量的平均值作为丈量成果。如果超限，则应重新丈量直到符合要求为止。往返测距记录表见表3-5。

表3-5 往返测距记录表

点号	往测/m	返测/m	相对误差/m	平均距离/m
A	97.191	97.193	$K=1/(97.192/0.002)=1/48\ 596$	97.192
B				

三、任务实施

（一）准备工作

（1）领取仪器：全站仪1台、棱镜及杆2套、罗盘仪1台、记录板1块。

（2）布置场地：在实验场地布置3个点用来测距及测角、测方向。

（二）实施过程

1. 全站仪的使用

（1）将三脚架置于测站点上，使高度合适，架头大致水平，其中心约在测站点的铅垂线上，然后踩实三脚架。

（2）将仪器从箱中取出，安装在三脚架上。调整光学对中器的目镜，使分划板十字丝看得清楚，然后转动调焦环看清测站点。

（3）调整3个脚螺旋，使光学对中器的十字丝交点对准测站点。

（4）调整三脚架的伸缩螺旋，使圆水准器气泡居中。

(5)用照准部水准管严格整平仪器，观察光学对中器的十字丝交点是否仍对准测站点。如果没有偏离，安置结束。

(6)当有少许偏离时(一般是很小的)，稍稍松开三脚架的连接螺旋，用手轻微移动仪器并调整其位置，使光学对中器十字丝交点对准测站点，再检查整平情况，如此反复，直到严格整平后，光学对中器十字丝交点对准测站点为止。

(7)使用全站仪测量功能，练习全站仪的测角、测距、放样、测坐标等功能。

2. 测角及测距

(1)测水平角(表 3-6)

表 3-6　测回法观测水平角记录表格

测站	盘位	目标	度盘读数	半测回角值	一测回角值	备注
	左					
	右					

①每组在地面上打一木桩，在桩顶钉一小铁钉或划十字作为测站点 O，在该点上对中、整平全站仪。

②任选两个目标点 A、B，并树立棱镜作为照准标志。

③将全站仪置于盘左状态，瞄准左侧的目标 A，按置零键，使水平度盘读数显示为 0°00′00″，顺时针旋转照准部，瞄准右目标 B，读取显示读数，则上半测回的角值：

$$\beta_{左}=b-a$$

④同样方法可以进行盘右观测。纵转望远镜将全站仪变换至盘右状态，先瞄准目标 B，读取显示读数，逆时针方向转动照准部，瞄准目标 A，读取显示读数，则下半测回的角值：

$$\beta_{右}=b-a。$$

⑤如果上下两个半测回角值之差不大于±40”，则取其平均值作为一测回的结果，即：

$$\beta=\frac{\beta_{左}+\beta_{右}}{2}$$

(2)测竖直角

①每组在地面上打一木桩，在桩顶钉一小铁钉或划十字作为测站点 O，在该点上对中、整平全站仪。

②任选一个目标点 A，架设作为照准标志。将全站仪置于盘左状态，用十字丝横丝瞄准 A 点上的觇标中心，读取竖盘读数 L，记入观测手簿并计算出竖直角：

$$a_{左}=90°-L(或\ L-90°)$$

③将全站仪置于盘右状态，同样方法瞄准 A 点，读取竖盘读数 R，记入观测手簿并计算出竖直角：

$$a_{右}=(R-270°)或(270°-R)$$

④计算竖盘指标差 X：

$$X=\frac{(L+R)-360°}{2}$$

⑤计算竖直角平均值：

$$a=\frac{a_{左}+a_{右}}{2}$$

⑥同样方法另选两个目标点，进行观测，计算相应的竖直角和竖盘指标差，要求同组测得的竖盘指标差的互差不得超过±25″。

竖直角观测表格见表 3-7。

表 3-7　竖直角观测表格

测站	测点	盘位	竖盘度数/(°　′　″)	竖直角/(°　′　″)	平均角值/(°　′　″)	备注

(3)测距

①往测：在 A 点安置全站仪，在 B 点安置棱镜，用全站仪照准棱镜中心，测出两点间距离，记录表 3-8 中。

②返测：在 B 点安置全站仪，在 A 点安置棱镜，测出两点间距离，记录表 3-8 中。

表 3-8　往返测距记录表

点号	往测/m	返测/m	相对误差/m	平均距离/m

③计算。

(4)测方位角

①安置罗盘仪于直线的一端点上。

②用垂球对中，用球臼接头螺旋整平，用望远镜照准直线的另一端点。

③松开磁针的固定螺旋，使磁针自由转动，静止时读出磁针北端所指的度盘读数。

④磁针使用完毕后，磁针应用顶针顶起。

四、任务工作单

任务工作单见表 3-9。

表 3-9　任务工作单

学习情境：<u>平面测量</u>	班级		日期	
	姓名			
工作任务：<u>平面测量仪器使用</u>	学号		评分	

1. 任务内容

(1)测角、测距、测方向的原理。

(2)全站仪的使用方法。

(3)罗盘仪的使用方法。

(4)测回法测角度、往返测距的方法和成果计算。

2. 基本知识

(1)绘出测角、测距、测方向的原理图。

(2)写出下图全站仪各部分名称。

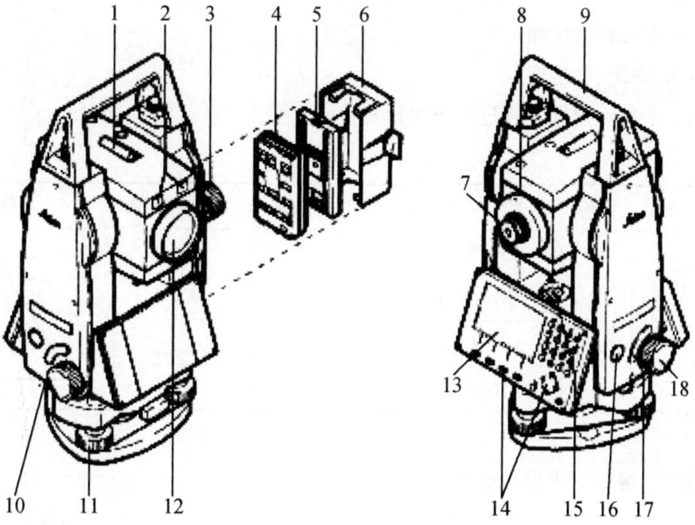

(a)　　　　(b)

(3)写出全站仪几种常用测量模式的使用方法。

(4)写出下图罗盘仪的各部分构造和使用方法。

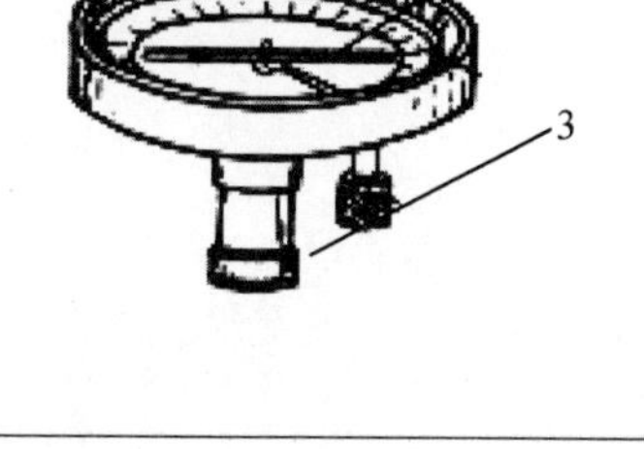

表 3-9(续)

(5)测回法测水平角和竖直角的方法与成果计算。

(6)测距的检核。

3. 任务实施

(1)在老师的指导下分别做好测回法测角、往返测距、测方位角的测量方案。

(2)按测量方案完成上述三种测量及相关数据的计算。

(3)测量工作完成后,还应按一定的检校方法对测量结果进行检查,确保测量结果的正确性及精度。养成检校的习惯,组与组之间要多交流,共同探讨,获取处理及测量结果的整理方法。

(4)完成本任务的测量数据的处理及成果的整理。

4. 任务小结

通过此工作任务的实施,各小组集中完成下述工作。

(1)你认为本次教学是否达到预期目的,还有什么意见和建议?

(2)什么是水平角、竖直角?

(3)测距测的是什么距离?

(4)方位角是什么?有几种方位角?

(5)全站仪如何测角、测距、测坐标?

(6)测回法如何测水平角?根据下表进行成果计算。

测站	竖盘位置	目标	水平度盘读数	半测回角值	一测回角值	草图
O	盘左	A	130°8.1′			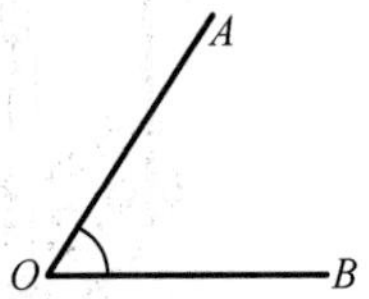
		B	190°15.4′			
	盘右	B	10°16.3′			
		A	310°8.7′			

(7)竖直角如何测量?根据下表进行成果计算。

测站	目标	盘位	竖盘读数	半测回角值	指标差	一测回角值
O	M	左	87°14′23″			
		右	272°46′03″			
O	N	左	98°27′33″			
		右	261°32′57″			

(8)相对误差是什么?如何计算?

实操一 全站仪的基本操作与使用

一、实训目的

(1)熟悉全站仪的构造。

(2)熟悉全站仪的操作界面及作用。

(3)掌握全站仪的基本使用。

二、实训工具及设备

(1)全站仪1台、棱镜及杆2套、测伞1把。

(2)场地由指导老师指定实训场地选定三点 A、O、B。

三、实训注意事项

(1)电池的安装要严格按照说明书操作,以免损坏电池,且注意测量前电池须充足电,换电池前必须关机。

(2)近距离将仪器和脚架一起搬动时,应保持仪器竖直向上。

(3)全站仪是精密贵重的测量仪器,要防日晒、防雨淋、防碰撞震动。严禁仪器直接照准太阳,晴天时请注意给仪器打伞,避免阳光直射仪器。

(4)经纬仪对中时应使三脚架架头大致水平,否则会导致仪器整平的困难。

(5)粗平时应注意脚架尖的位置不能移动,否则会导致对中出现偏差。

(6)精平时应检查各个方向水准管气泡是否居中,其偏差应在规定的范围以内。

(7)望远镜瞄准目标时必须消除视差。

四、实训内容

(一)全站仪的认识

全站仪由照准部、基座、水平度盘等部分组成,采用编码度盘或光栅度盘,读数方式为电子显示。有功能操作键及电源,还配有数据通信接口。

(二)全站仪的使用(以 Topcon 全站仪为例)

1.测量前的准备工作

(1)仪器的安置:全站仪的安置

①在地面上打一木桩,在桩顶钉一小铁钉或划十字作为测站点。

②张开三脚架,安置于测站上,调节到恰当高度,并使架头大致水平。

③打开仪器箱,双手握住仪器支架,将仪器从箱中取出,置于架头上。一手紧握支架,一手拧紧连接螺旋。

(2)对中

①调节光学对中器的目镜和物镜调焦螺旋,使光学对中器的分划板小圆圈和测站点标志的影像清晰。

②固定一只三脚架腿,目视光学对中器的目镜,并移动三脚架另外两只架腿,使镜中小圆圈对准地面点,踩实三脚架。

③若光学对中器的中心与地面点略有偏离,可略微松开连接螺旋,在架头上平移仪器,直至严格对中,然后拧紧连接螺旋。

(3)整平

①伸缩三脚架的三只架腿,使经纬仪的圆水准气泡居中,注意脚架尖的位置不能移动。

②松开水平制动螺旋,转动照准部,使水准管平行于任意一对脚螺旋的连线,两手同时反向转动这对脚螺旋,使水准管气泡居中。

③将照准部旋转 90°,转动第三只脚螺旋,使气泡居中。

④重复上述步骤(2)(3),直至仪器转到任何方向水准管气泡中心都不偏离水准管零点一格为止。

⑤全站仪的对中和整平一般需要几次循环过程,直至对中和整平均满足要求为止。

(4)瞄准目标

①转动照准部,使望远镜对向明亮处,转动目镜调焦螺旋,使十字丝清晰。

②松开水平制动螺旋和望远镜制动螺旋,用望远镜上的粗瞄准器对准棱镜中心,固定望远镜制动螺旋和水平制动螺旋。

③眼睛微微左右移动,检查有无视差,如果有,转动望远镜调焦螺旋予以消除。

(5)水平度盘指标及竖直度盘指标的设置

①竖直度盘指标的设置:松开竖直度盘制动螺旋,将望远镜纵转一周(望远镜处于盘左,当物镜穿过水平面时),竖直度盘指标既已设置。随即听见一声鸣响,并显示出竖直角。

②水平度盘指标的设置:松开水平制动螺旋,旋转照准部 360°,水平度盘指标即自动设置。随即一声鸣响,同时显示水平角。

五、实训教学考核评定

实训结束时老师抽查学生对中整平和仪器状况认识。

实操二　测回法观测水平角

一、实训目的

(1)掌握测回法测量水平角的操作方法、记录格式与计算过程。

(2)要求每人按照测回法的相关要求对同一角度进行两个测回的观测。

(3)熟悉测回法观测的各项限差规定。

二、实训工具及设备

(1)仪器和工具

全站仪 1 套,木桩 1 个,锤子 1 把,棱镜及杆 2 套,记录板 1 块,测伞 1 把。

(2)场地由指导老师指定实训场地选定三点 A、O、B。

三、实训注意事项

(1)瞄准目标时,应尽量瞄准,以减少由于目标倾斜引起水平角观测的误差。

(2)如需要观测多个测回,则各测回起始方向的置数应按 180°/2 递增。但应注意,无论观测多少个测回,第一测回的置数均应当为 0°

(3)每个测回只可以在盘左观测第一个目标时设置一次起始方向的置数。

四、实训内容

(1)每组在地面上打一木桩,在桩顶钉一小铁钉或划十字作为测站点 0,在该点上对中、整平全站仪。

(2)任选两个目标点 A、B,并树立棱镜作为照准标志。

(3)将全站仪置于盘左状态,瞄准左侧的目标 A,按置零键,使水平度盘读数显示为 0° 00′00″,顺时针旋转照准部,瞄准右目标 B,读取显示读数,如图 3-12 所示。

则上半测回的角值:

$$\beta_{左}=b-a$$

V:	90°	10′	20″
HR:	0°	00′	00″
置零	锁定	置盘	PI ↓

(a)

V:	98°	36′	20″
HR:	160°	40′	20″
置零	锁定	置盘	PI ↓

(b)

图 3-12　全站仪读数

(4)同样方法可以进行盘右观测。纵转望远镜将全站仪变换至盘右状态,先瞄准目标 B,读取显示读数,逆时针方向转动照准部,瞄准目标 A,读取显示读数。

则下半测回的角值:

$$\beta_{右}=b-a$$

如果上下两个半测回角值之差不大于±40″,则取其平均值作为一测回的结果,即

$$\beta=\beta_{左}+\beta_{右}$$

(5)同样方法进行第二测回的观测,注意在盘左瞄准目标 A 之后,应将水平度盘读数置于 90°附近。

(6)若各测回之间角值之差不大于±40″,则取平均值作为最终观测结果。

五、实训教学考核评定

测回法观测记录手簿见表 3-10。

表 3-10　测回法观测记录手簿

天气　　　　　　班级　　　　　　小组　　　　　　观测　　　　　　记录

测站	测回	竖直度盘位置	目标	度盘读数 /(°　′　″)	半测回角值 /(°　′　″)	一测回角值 /(°　′　″)	各测回平均角值 /(°　′　″)	备注
		左						
		右						
		左						
		右						

实操三　竖直角观测

一、实训目的

(1)掌握竖直角的观测原理和竖直度盘的构造及竖直角与竖盘指标差的计算公式。
(2)掌握利用光学经纬仪测量竖直角的操作方法、记录格式与计算过程。
(3)要求每人进行三个目标的竖直角观测,并计算相应的竖盘指标差。
(4)要求同一组所测得的竖盘指标差的互差不得超过正负 25″。

二、实训工具及设备

(1)光学经纬仪 1 台、木桩 1 个、锤子 1 把、棱镜及杆 1 套、记录板 1 块、测伞 1 把。
(2)场地由指导老师指定实训场地选定 A、O、B、C。

三、实训注意事项

(1)竖直度盘读数前应注意打开竖直度盘自动归零补偿器。
(2)瞄准目标时应注意用十字丝横丝的中丝进行瞄准,否则会影响竖直角的角值。
(3)计算竖直角和竖盘指标差时应注意正、负号。

四、实训内容

(1)每组在地面上打一木桩,在桩顶钉一小铁钉或划十字作为测站点 O,在该点上对中、整平经纬仪。

(2)任选一个目标点 A,架设作为照准标志。

(3)将竖直度盘自动归零补偿器处于"ON"状态。

(4)将经纬仪置于盘左状态,用十字丝横丝瞄准 A 点上的觇标中心,读取竖盘读数 L,记入观测手簿并计算出竖直角:a 左$=90°-L$(或 $L-90°$)

(5)将经纬仪置于盘右状态,同样方法瞄准 A 点,读取竖盘读数 R,记入观测手簿并计算出竖直角 $a_{右}$。

$$a_{右}=(R-360°)或(360°-R)$$

(6)计算竖盘指标差 X:

$$X=\frac{(L+R)-360°}{2}$$

(7)计算竖直角平均值:

$$a=\frac{a_{左}+a_{右}}{2}$$

(8)同样方法另选两个目标点,进行观测,计算相应的竖直角和竖盘指标差,要求同组测得的竖盘指标差的互差不得超过±25″。

五、实训教学考核评定

竖直角观测记录表见表 3-11。

表 3-11　竖直角观测记录表

测站	目标	盘位	竖盘读数	半测回角值	指标差	一测回角值	备注
O	A	左					
		右					

实操四　全站仪各项使用

一、实训目的

(1)掌握全站仪测设的原理和方法。

(2)全站仪角度测量、距离测量、坐标测量、坐标放样的步骤。

二、实训工具及设备

(1)仪器与工具全站仪 1 台、棱镜及杆 2 套、木桩及小钉若干、测伞 1 把。

(2)场地由指导老师指定实训场地选定三点 A、O、B。

三、实训注意事项

(1)实验前确定仪器电池电量。
(2)仪器操作人员与立镜人员步调一致,以便快速确定放样点位。
(3)平面位置确定时要精确确定木桩顶端小钉的位置。

四、实训内容

(一)仪器安置

在控制点上安置全站仪,检查中心连接螺旋是否旋紧,对中、整平、量取仪器高,开机。

(二)角度测量

(1)显示屏上确定是否处于角度测量模式,如果不是,则按操作键转换为角度测 量模式。

(2)盘左瞄准左目标 A,按置零键,使水平度盘读数显示为 0°00′00″,顺时针旋转照准部,瞄准右目标 B,读取显示读数。

(3)同样方法可以进行盘右观测。

(4)如果测竖直角,可在读取水平度盘的同时读取竖盘的显示读数(图 3-13)。

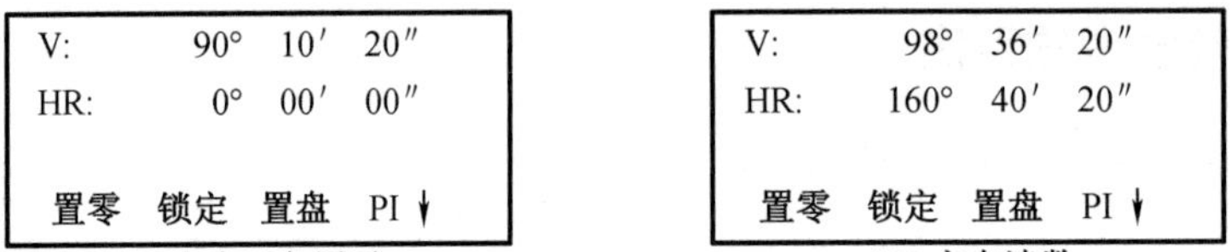

(a)水平角置零　(b)B方向读数

图 3-13　竖盘读数

(三)距离测量

(1)首先从显示屏上确定是否处于距离测量模式,如果不是,则按操作键转换为距离测量模式。

(2)照准棱镜中心,这时显示屏上能显示箭头前进的动画,前进结束则完成距离测量,得出距离,HD 为水平距离,VD 为垂直距离,斜距 SD(图 3-14)。

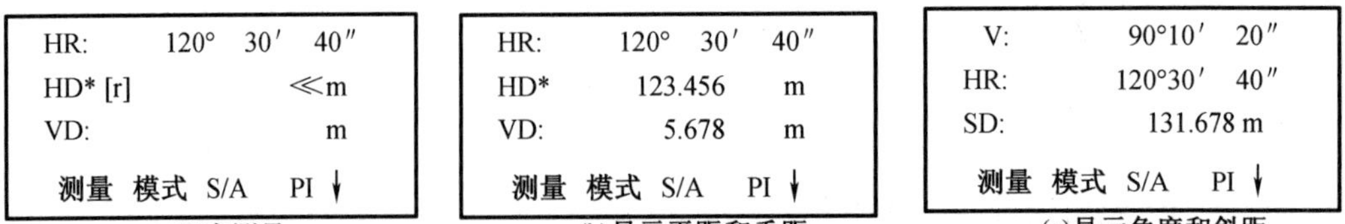

(a)距离测量　(b)显示平距和垂距　(c)显示角度和斜距

图 3-14　测量结果

(四)坐标测量

(1)首先从显示屏上确定是否处于坐标测量模式,如果不是,则按操作键转换为坐标模式。

(2)输入测站点 O 及后视点 A 坐标,以及仪器高、棱镜高。

(3)瞄准棱镜中心,这时显示屏上能显示箭头前进的动画,前进结束则完成坐标测量,得出点 B 的坐标(图 3-15)。

选择文件
FN:__________
输入 调用 … 回车

(a)选择数据采集

数据采集 1/2
F1:测站点输入
F2:后视
F3:前视/侧视 P↓

(b)输入测站点、后视点信息

图 3-15 坐标测量

(五)点位放样(以 Topcon 为例)

(1)在 MENU 中选择“放样”模式,如图 3-16 所示,并输入测站点点号、仪高、镜 高、坐标等,后视点点号、坐标等。若坐标值在之前已经输入,则可直接调用测站点和后视点的坐标。

(2)按“F3”选择“放样”,并输入放样点坐标,仪器自动进行放样元素的计算。使仪器照准棱镜,按“角度”键,屏幕中显示角度放样信息,“HR”表示实际测量的水平角,“dHR”表示对准放样点仪器应转动的水平角度;按“距离”键,屏幕中显示距离放样信息,“HD”表示实测的水平距离,“dHD”表示对准放样点尚差的水平距离,“dZ”表示对准放样点尚差的垂直距离,如图所示。仪器操作员指挥立镜人员调整棱镜位置并测量,直到屏幕显示的“dHR”“dHD”“dz”满足放样精度要求,即接近或等于 0,棱镜杆底端即为放样位置。

(3)操作过程中也可先使“dHR”满足精度要求,即确定方向,同时开启水平制动螺旋,保持方向一定;再不断调整距离,使“dHD”满足要求,完成距离的确定,从而确定放样点位的平面位置,钉桩并在桩顶精确确定位置,以小钉标记,再测量小钉位置,予以检核;最后将棱镜杆沿木桩上下移动,测量并确定“dZ”,以颜色笔在木桩侧面、与棱镜杆下端平齐位置画一标记,即为放样点位的高程。

放样 1/2
F1:测站点输入
F2:后视
F3:放样 P↓

(a)放样模式

点号:LP-100
HR= 6° 20′ 40″
dHR= 23° 40′ 20″
距离 --- 坐标 ---

(d)放样中的角度数据

HD: 156.835 m
dHD: -3.327 m
dZ: -0.046 m
模式 角度 坐标

(c)放样中的距离数据

图 3-16 放样数据

五、实训教学考核评定

全站仪测量记录表见表 3-12。

表 3-12　全站仪测量记录表

组别：　　　　　　　　　　　　　　　　仪器号码：

测站	测回	仪器高/m	棱镜高/m	竖盘位置	水平角观测		竖直角观测		距离高差观测			坐标测量		
					水平度盘读数	方向值或角值	竖直度盘读数	竖直角	斜距/m	平距/m	高程/m	X	Y	H

工作任务二　平面控制测量

一、任务概述

(一)应知应会

通过本工作任务的学习与具体实施,学生应学会下列知识。

(1)熟悉导线的三种形式。

(2)熟悉导线测量的外业和内业工作。

通过本工作任务的学习与具体实施,学生应掌握下列技能。

(1)掌握全站仪进行导线测量的方法。

(2)掌握全站仪导线测量的成果计算。

(二)学习要求

(1)学生在上课前,应到本课程的网站中预习本工作任务的相关内容。

(2)本课程采用理实一体化的模式组织教学,学生在学习过程中,要注重理论与实践的结合,提高自己的动手能力。

(3)每个工作任务学习结束后,学生应独立完成任务工作单的填写。

二、相关知识

(一)平面控制网的定向、定位和坐标正反算

在小于15 km^2 范围内建立的控制网,称为小区域控制网。建立小区域控制网时,应尽量与国家(或城市)已建立的高级控制网连测,将高级控制点的坐标和高程作为小地区控制网的起算和校核数据。如果周围没有国家(或城市)控制点,或附近有这种高级控制点而不便连测时,也可建立独立控制网。此时控制网的起点坐标可自行假定,作定向用的坐标方位角也可用测区中央的磁方位角代替。

小区域平面控制网,应根据测区面积的大小和精度要求分级建立。在全测区范围内建立的精度最高的控制网,称为首级控制网;直接为测图而建立的控制网,称为图根控制网。图根点的密度应根据测图比例尺和地形条件而定,导线测量是小区域平面控制测量的方法之一。

在新布设的平面控制网中,至少需要已知一条边的坐标方位角才可以确定控制网的方向,简称定向。同样至少需要已知一个点的平面坐标,才可以确定控制网的位置,简称定位。

1. 平面控制网的定向和定位

如图3-17所示的控制网中,如已知网中 B 点的坐标(X_B,Y_B)和 AB 的坐标方位角 α_{AB},就可以确定控制网的方向和位置,再根据观测的其他边的角度和边长,就可以推算出网中各边的坐标方位角和水平距离,进而求出其他未知点的坐标。

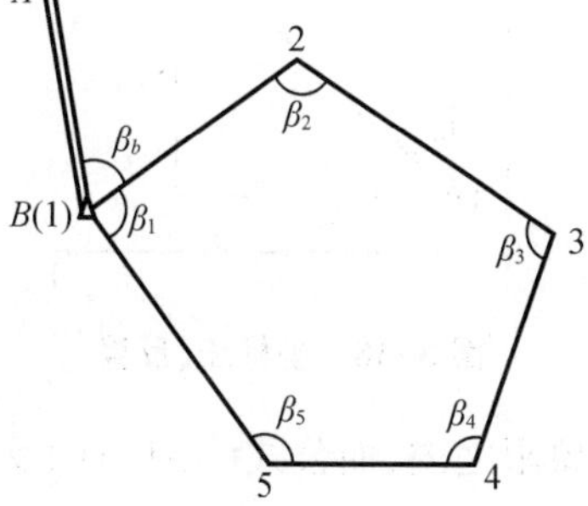

图3-17 平面控制网的定向与定位

如果在这个控制网中,AB 的坐标方位角 α_{AB} 未知,但是已知 A 点的坐标(X_A,Y_A)和 B 点的坐标(X_B,Y_B),我们可以通过坐标反算获得 AB 的坐标方位角 α_{AB},同样可以确定控制网的方向和位置。

所以一个点的坐标和该点所在边的坐标方位角称为平面控制网的必要起算数据。控制网的起算数据可以通过与已有国家控制网或城市控制网联测得到。

2. 坐标的正、反算

(1)坐标的正算

根据已知点的坐标、两点间的水平距离 D 和坐标方位角 α,通过计算两点间的坐标增量

Δx、Δy,从而求得未知点坐标的计算称为坐标正算。

如图 3-18,若已知 1 点坐标(X_1,Y_1),边长 D_{12} 和坐标方位角 α_{12},则 2 点坐标:

$$\begin{cases} X_2 = x_1 + \Delta x_{12} \\ Y_2 = y_1 + \Delta y_{12} \end{cases} \tag{3-11}$$

其中:

$$\begin{cases} \Delta x_{12} = D \cdot \cos \alpha_{12} \\ \Delta y_{12} = D \cdot \sin \alpha_{12} \end{cases} \tag{3-12}$$

坐标方位角和坐标增量都带有方向性,注意下标的书写。当坐标方位角位于第一象限时,坐标增量均为正数;当坐标方位角位于第二象限时,Δx 为负数,Δy 为正数;当坐标方位角位于第三象限时,坐标增量均为负数;当坐标方位角位于第四象限时,Δx 为正数,Δy 为负数。

2. 坐标反算

已知两点的直角坐标(或坐标增量 Δx、Δy)反算两点间的水平距离 D 和坐标方位角 α 的计算称为坐标反算。

如图 3-18,若已知两点坐标(X_1,Y_1)、(X_2,Y_2),则边长 D_{12} 和坐标方位角 α_{12} 为

$$D_{12} = \sqrt{(X_2 - X_1)^2 + (Y_2 - Y_1)^2} \tag{3-13}$$

$$\tan \alpha_{12} = \frac{Y_2 - Y_1}{X_2 - X_1} \tag{3-14}$$

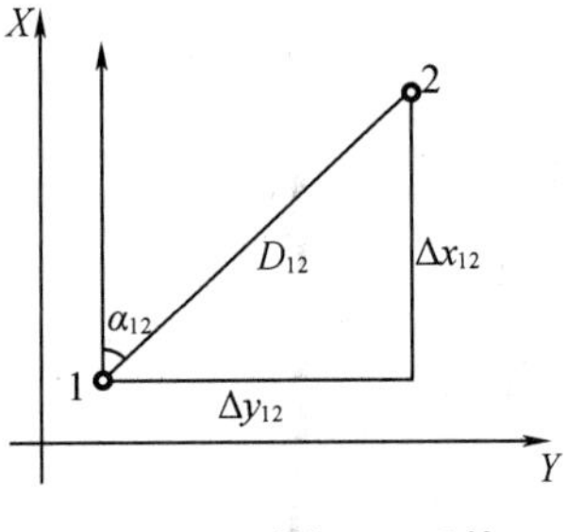

图 3-18 坐标正、反算

由于坐标方位角可在四个象限之内,而公式(3-14)的反正切计算后所得角度的值域只在一、四象限,所以计算时应根据 Δx、Δy 的正负号来换算成相应的坐标方位角。

当 $\Delta x>0$ 且 $\Delta y>0$ 时:

$$\alpha_{12} = \arctan \frac{\Delta y_{12}}{\Delta x_{12}}$$

当 $\Delta x<0$ 且 $\Delta y>0$ 时:

$$\alpha_{12} = 180° - \arctan \left| \frac{\Delta y_{12}}{\Delta x_{12}} \right|$$

$\Delta x<0$ 且 $\Delta y<0$ 时:

$$\alpha_{12} = 180° + \arctan \left| \frac{\Delta y_{12}}{\Delta x_{12}} \right|$$

$\Delta x>0$ 且 $\Delta y<0$ 时：

$$\alpha_{12}=360^{\circ}-\arctan\left|\frac{\Delta y_{12}}{\Delta x_{12}}\right|$$

(二)导线测量

将测区内相邻控制点连成直线而构成的折线图形,称为导线。构成导线的控制点称为导线点。导线测量就是依次测定各导线边的长度和各转折角值;再根据起算数据,推算各边的坐标方位角,从而求出各导线点的坐标。

导线测量是建立小地区平面控制网的主要方法,特别适用于地物分布比较复杂的城市建筑区,远视较困难的隐蔽地区、带状地区以及地下工程等控制点的测量。

1. 导线的布设形式

根据测区的情况和要求,导线可以布设成三种形式。

(1)闭合导线

如图 3-19,从已知高级控制点和已知方向出发,经过导线点 1、2、3、4、5 后,回到 1 点,组成一个闭合多边形,称为闭合导线。闭合导线的优点是图形本身有着严密的几何条件,具有校核成果作用。闭合导线它可以和高级控制点连接,获得起算数据,也可以独立地布设。

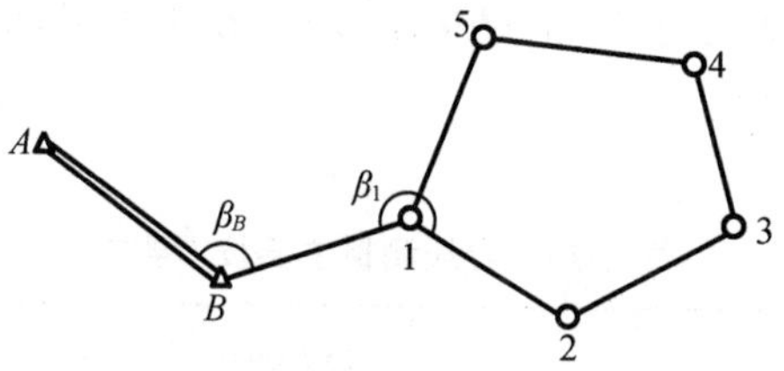

图 3-19　闭合导线

(2)附和导线

如图 3-20 所示,从已知高级控制点 *B* 和已知方向 *AB* 出发,经过导线点 1、2、3,最后附合到另一个高级控制点 *C* 和已知方向 *CD* 上,构成一折线的导线,称为附合导线。附合导线的优点也是可以检核观测成果。它常用于带状地区的控制。

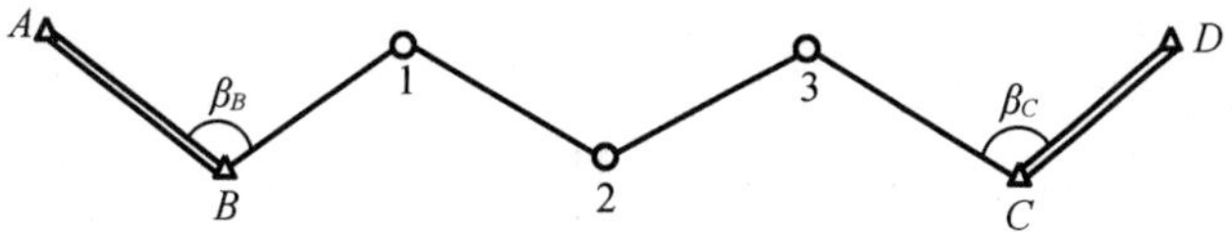

图 3-20　附和导线

(3)支导线

如图 3-21 所示,从已知高级控制点 *B* 和已知方向 *AB* 出发,即不闭合原已知点,也不附合另一已知点的导线称为支导线。由于支导线没有检核,因此支导线的点数不宜超过 2 个。

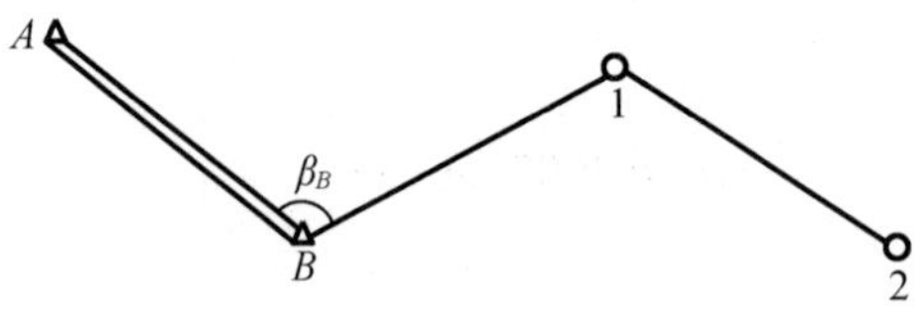

图 3-21 支导线

用导线测量方法建立小地区平面控制网,在公路工程中,导线按精度由高到低的顺序分别是:三等导线、四等导线、一级导线和二级导线四个等级,见表 3-13。它们可作为国家四等控制点或国家 E 级 GPS 点的加密,也可作为独立地区的首级控制。

表 3-13 公路工程平面控制测量等级选用

高架桥、路线控制测量	多跨桥梁总长 L/m	单跨桥梁长 L_K/m	隧道贯通长度 L_G/m	测量等级
—	$L\geqslant3\ 000$	$L_K\geqslant500$	$L_G\geqslant6\ 000$	二等
—	$2\ 000\leqslant L<3\ 000$	$300\leqslant L_K<500$	$3\ 000\leqslant L_G<6\ 000$	三等
高架桥	$2\ 000\leqslant L<3\ 000$	$150\leqslant L_K<300$	$1\ 000\leqslant L_G<3\ 000$	四等
高速、一级公路	$L<1\ 000$	$L_K<150$	$L_G<1\ 000$	一级
二、三、四级公路	—	—	—	二级

导线测量按测边的方法又分为:钢尺量距导线、视距导线和光电测距导线等。各级导线的主要技术要求见表 3-14。

表 3-14 导线测量主要技术要求

等级	附(闭)和导线长度/km	平均边长/km	边数	每边测距中误差/mm	单位权中误差/(″)	导线全长相对闭合差	方位角闭合差/(″)
三等	≤18	2.0	≤9	≤±14	≤±1.8	≤1/52 000	$\leqslant3.6\sqrt{n}$
四等	≤12	1.0	≤12	≤±10	≤±2.5	≤1/35 000	$\leqslant5.0\sqrt{n}$
一级	≤16	0.5	≤12	≤±14	≤±5.0	≤1/17 000	$\leqslant10\sqrt{n}$
二级	≤3.6	0.3	≤12	≤±11	≤±8.0	≤1/11 000	$\leqslant16\sqrt{n}$

注:1. n 为测站数;

2. 以测角中误差为单位权中误差;

3. 导线网节点间的长度不得大于表中长度的 0.7 倍。

2. 导线测量的外业

导线测量的外业工作包括:踏勘选点及建立标志、量边、测角和连测。

(1)踏勘选点、建立标志

踏勘选点前,应首先收集测区原有地形图和已有高级控制点的坐标和高程,将控制点绘在原有地形图上,在图上规划导线的布设方案,最后到实地选定各点点位并建立标志。

如果测区没有地形图资料，则需详细踏勘现场，根据已知控制点的分布、测区地形条件及测量和施工需要等具体情况，合理地选定导线点的位置。

导线的选点原则是：既要便于导线本身的测量，又要便于测图和施工，并保证满足各项技术要求。为此选点时应注意下列几点。

①相邻导线点间通视良好，以便于测角和测距。如果采用钢尺量距，则沿线地势应平坦，没有影响丈量的障碍物。

②点位应选在土质坚实处，以便于保存标志和安置仪器

③视线开阔，便于施测碎部或放样。

④导线边长应按表 3-13 的规定，最长不超过平均边长的 2 倍。相邻边长尽量不使长短相差悬殊，一般相邻边长之比不宜超过 1∶3。

⑤导线点应有足够的密度，分布要均匀，以便控制整个测区。

导线点位置选定后，应在点位上埋设标志。对于一般的图根点，可在点位上打一木桩，桩的周围浇上混凝土，桩顶钉一小钉或桩顶刻“十”字，作为临时性标志，如图 3-22(a)。若导线点需要长期保存，则要埋设混凝土桩或石桩，桩顶刻“十”字或嵌入有“十”字的钢筋，作为永久性标志，如图 3-22(b)。

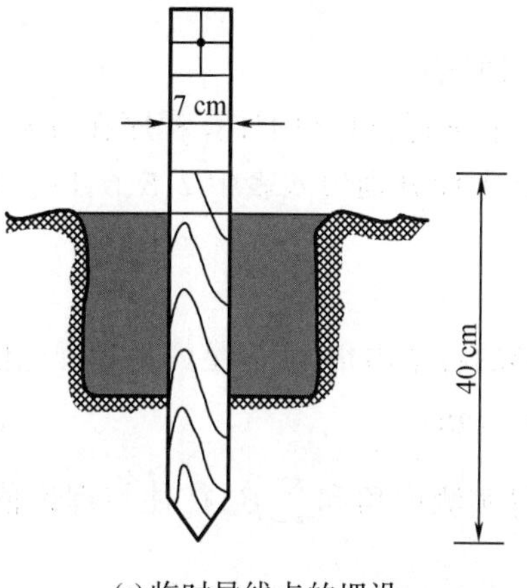

(a) 临时导线点的埋设

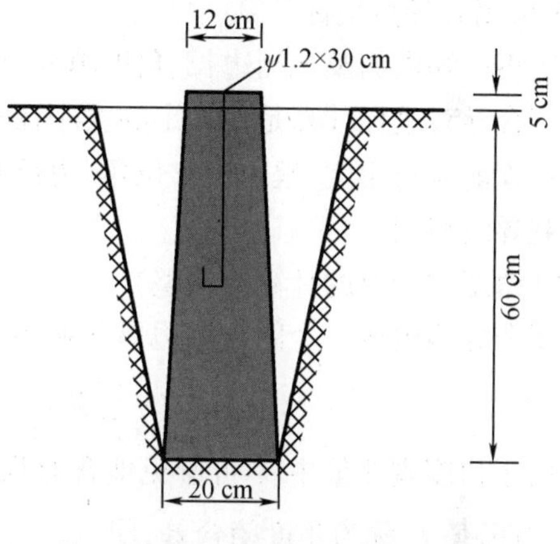

(b) 永久导线点的埋设

图 3-22　导线点的埋设

导线点设立之后，应统一编号。为了便于寻找，应量出导线点与附近明显地物间的距离，绘出导线点点位略图，注明尺寸。

(2) 量边

导线边长如用全站仪测水平距离。测距中误差应满足表 3-13 的要求。

(3) 测角

导线的转折角分为左角和右角，在前进方向左侧的角称左角，右侧的角称为右角。附合导线统一观测同一侧的转折角(左角或右角)。闭合导线一般是观测多边形的内角，当导线点按逆时针方向编号时，闭合导线的内角即为左角；顺时针方向编号时，则为右角。

导线等级不同，测角技术要求也不同，参照表 3-13。例如二级导线的测角中误差不超过 8″时，取其平均值作为观测值。

(4)连测

导线与高级控制点进行连接,以取得坐标和方位角的起算数据,称为连接测量。

如图 3-19,A、B 为已知点,1-5 为新布设的导线点,则连接测量为观测连接角 βB 和 $\beta 1$ 以及连接边 D_{B1},作为传递坐标方位角和坐标之用。

当测区附近无高级控制点时,可用罗盘仪测定导线起始边的磁方位角,并假定起始点坐标作为起算数据。

3. 导线测量的内业

导线测量内业计算的目的是计算各导线点的平面坐标。在计算之前,应全面检查外业观测记录成果,符合要求后,在导线略图上注明已知数据及实测的边长、转折角、连接角等观测数据,然后进行导线坐标计算。

导线的内业计算应在规定的表格中进行,计算时,图根导线的角度值及方位角值通常取至秒;边长及坐标值通常取至毫米。

导线坐标计算的一般步骤为:①将已知数据及观测边长、角度填入导线坐标计算表。②角度闭合差的计算与调整。③导线边方位角的推算。④坐标增量的计算。⑤坐标增量闭合差的计算与调整。⑥导线点坐标计算。

下面我们分别就闭合导线和附和导线的坐标计算为例,说明导线内业计算步骤。

(1)闭合导线坐标计算

①将已知数据及观测边长、角度填入导线坐标计算表

闭合导线坐标计算是按一定的次序在表 3-15 中进行,也可用计算程序在计算机上计算。计算前应将角度、起始边方位角、边长和起算点坐标分别填入表中 2、5、6、11、12 栏,还应绘制导线略图。

②角度闭合差的计算与调整

闭合导线组成一个闭合多边形并观测了多边形的各个内角,应满足内角和理论值,即

$$\sum \beta_{理} = (n-2) \cdot 180° \tag{3-15}$$

由于角度观测值中不可避免地含有误差,使得实测内角和 $\sum \beta_{测}$ 往往与理论值 $\sum \beta_{理}$ 不等,其差值 f_β 称为角度闭合差,即

$$f_\beta = \sum \beta_{测} - \sum \beta_{理} = \sum \beta_{测} - (n-2) \cdot 180° \tag{3-16}$$

各级导线角度闭合差的容许值 $f_{\beta容}$ 如表 3-14 所示。比如二级导线的 $f_{\beta容} = \pm 16\sqrt{n}$。

如果 f_β 不超过 $f_{\beta容}$,则可进行角度闭合差的分配;反之,应分析情况后进行重测。

分配原则是:将闭合差按相反符号平均分配给各观测角,若有余数时,应遵循短边相邻角多分的原则,然后求出改正后的角值。求出改正角值后,再计算改正角的总和,其值应与理论值相等,作为计算检核。

各角改正数 V_β 可用下式计算:

$$V_\beta = -\frac{f_\beta}{n} \tag{3-17}$$

如表 3-15,分配的改正数写在 3 栏,改正后的角值填入 4 栏。

③推算各导线边的坐标方位角

根据起始的坐标方位角和改正后的转折角,可按坐标方位角的推算公式依次推算后一

条边的坐标方位角,填入表中5栏。

$$\alpha_{前}=\alpha_{后}\pm\beta\mp180° \tag{3-18}$$

方位角推算时应注意左、右角的推算是采用不同的公式,若β角为左角,则公式应该取“$+\beta-180°$”;若β角为右角,则公式应该取“$-\beta+180°$”。推算出的方位角如大于360°,则要减去360°;如出现负值,则应加上360°。各边的方位角推算完后,必须推算回起始边的坐标方位角,看是否与已知值相等,以此作为计算校核。

④计算各边的坐标增量

根据各边的坐标方位角α和边长D,按公式(3-12)计算各边的坐标增量,将计算结果填入表中7、8栏。

⑤坐标增量闭合差的计算与调整

闭合导线的纵横坐标增量的理论值应为零。

$$\begin{cases}\sum \Delta x_{理}=0\\ \sum \Delta y_{理}=0\end{cases} \tag{3-19}$$

但由于观测中不可避免的测量误差存在,使得实测的坐标增量$\sum \Delta x_{测}$与$\sum \Delta y_{测}$一般都不为零,而产生纵、横坐标增量闭合差f_x和f_y。

$$\begin{cases}f_x=\sum \Delta x_{测}\\ f_y=\sum \Delta y_{测}\end{cases} \tag{3-20}$$

如图3-23所示,由于f_x和f_y的存在,使得导线不能闭合,即1、1′不能重合。其长度1-1′即为导线全长闭合差f_D。

$$f_D=\sqrt{f_x^2+f_y^2} \tag{3-21}$$

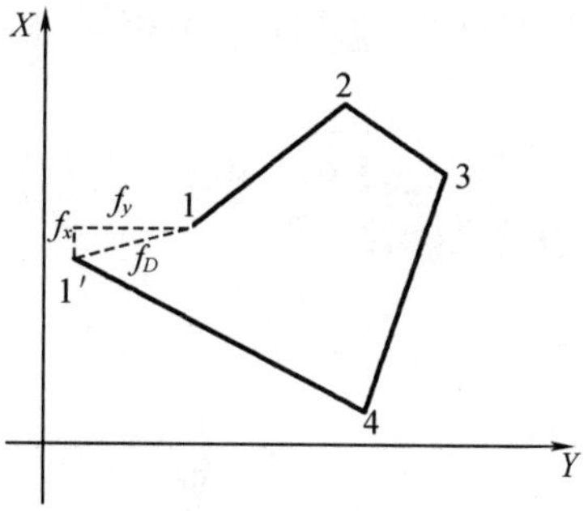

图3-23　导线全长闭合差

导线越长,全长闭合差也就越大。因此我们通常用导线全长相对闭合差K来衡量导线测量的精度。其计算公式为

$$K=\frac{f_D}{\sum D}=\frac{1}{\frac{\sum D}{f_D}} \tag{3-22}$$

导线全长相对闭合差K必须要满足表3-14的要求。若$K>K_{容}$,则说明成果的精度不合

格,应对内、外业成果进行仔细检查,必要时需重测。如果 $K<K_{容}$,则说明精度合格,可对 f_x 和 f_y 进行调整。

调整的原则是将其反号按边长成正比例地分配到各边的纵、横坐标增量中,然后计算改正后的坐标增量。坐标增量改正数 $V_{\Delta xi}$ 和 $V_{\Delta yi}$ 可按下列公式计算:

$$\begin{cases} V_{\Delta xi} = -\dfrac{f_x}{\sum D}D_i \\ V_{\Delta yi} = -\dfrac{f_y}{\sum D}D_i \end{cases} \tag{3-23}$$

改正数应按增量取位的要求凑整至 cm 或 mm,并且改正数的总和必须等于坐标增量闭合差的反号。

改正数写在 7、8 栏的上方;改正后的坐标增量写在 9、10 栏。

⑥坐标计算

根据改正后的坐标增量,按公式 3-11 依次计算各点的坐标,填入表中 11、12 栏。为了检查坐标计算中的差错,最后一定要推回到起算点的坐标,看是否和已知值相等,以此作为计算校核。

2. 附和导线坐标计算

附和导线的坐标计算与闭合导线的坐标计算基本相同,但由于附和导线两端与已知点相连,所以在计算角度闭合差和坐标增量闭合差上有所不同。我们下面着重介绍不同点。

(1)角度闭合差的计算与调整

附合导线并不构成闭合多边形,但也存在有角度闭合差。其角度闭合差是根据导线两端已知边的坐标方位角及导线转折角来计算的。如图 3-24 中,(a)图为观测左角,(b)图为观测右角,高级点 A、B、C、D 的坐标已知,按坐标反算公式可计算得起始边与终止边的坐标方位角 α_{AB} 和 α_{CD}。理论上由起始边方位角 α_{AB} 经各转折角推算的终边方位角 α'_{CD} 应与已知值 α_{CD} 相等,但由于测角有误差,推算的 α'_{CD} 和 α_{CD} 不相等,其差值即为附和导线角度闭合差 f_β,即

$$f_\beta = \alpha'_{CD} - \alpha_{CD} \tag{3-24}$$

按方位角推算公式推算终边的坐标方位角。

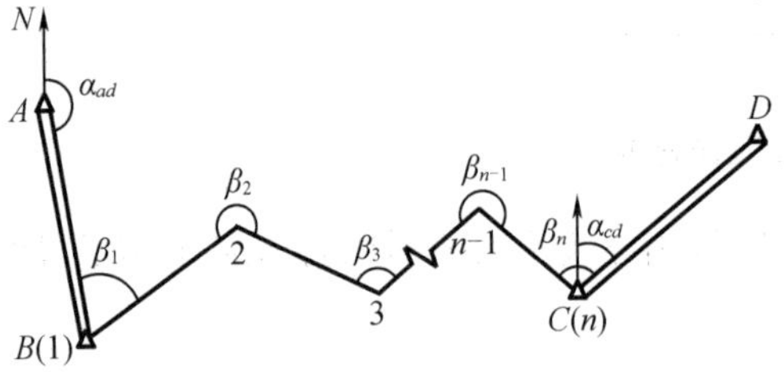

(a) 观测角为左角

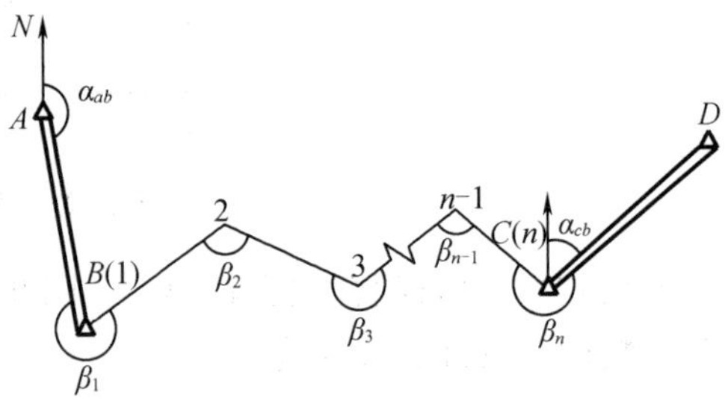

(b) 观测角为右角

图 3-24　附和导线角度闭合差的计算

表 3-15　闭合导线计算表

点号	观测角（右角）	改正数	改正后的角值	坐标方位角	边长/m	坐标增量计算值/m		改正后的坐标增量/m		坐标/m		备注
						Δx	Δy	Δx	Δy	X	Y	
1	2	3	4	5	6	7	8	9	10	11	12	13
1										500.00	500.00	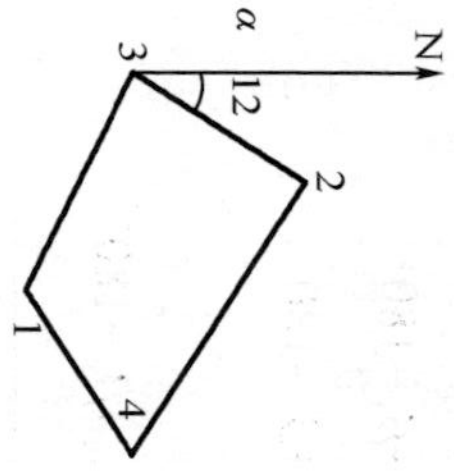
				40°48′00″	78.16	+0.02 +59.17	−0.01 +51.07	+59.19	+51.06			
2	89°33′48″	+18″	89°34′06″							559.19	551.06	
				131°13′54″	129.34	+0.03 −85.25	−0.02 +97.27	−85.22	+97.25			
3	73°00′12″	+12″	73°00′24″							473.97	648.31	
				238°13′30″	80.18	+0.02 −42.22	−0.02 −68.16	−42.20	−68.18			
4	107°48′30″	+12″	107°48′42″							431.77	580.13	
				310°24′48″	105.22	+0.02 +68.21	−0.02 −80.11	+68.23	−80.13			
1	89°36′30″	+18″	89°36′48″							500.00	500.00	
				40°48′00″								
2												
Σ	359°59′00″		360°00′00″		392.90	−0.09	+0.07	0	0			
辅助计算	$\sum\beta_{测}=359°59'00''$　$\sum D=392.9$　$f_\beta=-60''$　$f_x=-0.09$　$f_y=+0.07$ $f_{\beta容}=\pm60\sqrt{n}=\pm120''>f_\beta$　$f_D=0.11$　$K=0.11/392.9=1/3\,500<1/2\,000$											

当β为左角时：

$$\alpha'_{12}=\alpha_{AB}+\beta_1-180^\circ$$
$$\alpha'_{23}=\alpha'_{12}+\beta_2-180^\circ$$
$$\vdots$$
$$\alpha'_{CD}=\alpha'_{(n-1)n}+\beta_n-180^\circ$$

$$\alpha'_{CD}=\alpha_{AB}+\sum\beta_{左}-n\cdot180^\circ$$

同理可得β为右角时：

$$\alpha'_{CD}=\alpha_{AB}+n\cdot180^\circ-\sum\beta_{右}$$

代入式(3-24)后,角度闭合差的公式为

$$\begin{cases}f_\beta=(\alpha_{始}-\alpha_{终})+\sum\beta_{左}-n\cdot180^\circ\\f_\beta=(\alpha_{始}-\alpha_{终})+n\cdot180^\circ-\sum\beta_{右}\end{cases}\tag{3-25}$$

同样,计算的角度闭合差要满足表3-14的要求。

注意:在调整角度闭合差时,若观测角为左角,则应以与闭合差相反的符号分配角度闭合差;若观测角为右角,则应以与闭合差相同的符号分配角度闭合差。

②坐标增量闭合差的计算与调整

附和导线的纵、横坐标增量的总和,在理论上应等于终点与起点的坐标差值。即

$$\begin{cases}\sum\Delta x_{理}=x_{终}-x_{始}\\\sum\Delta y_{理}=y_{终}-y_{始}\end{cases}\tag{3-26}$$

由于测量中误差的存在,因此根据测量数据算出来的坐标增量总和$\sum\Delta x_{测}$与$\sum\Delta y_{测}$一般与理论值不相等,其差值即为坐标增量闭 合差。即

$$\begin{cases}f_x=\sum\Delta x_{测}-(x_{终}-x_{始})\\f_y=\sum\Delta y_{测}-(y_{终}-y_{始})\end{cases}\tag{3-27}$$

附和导线的坐标方位角推算、坐标增量的计算、导线全长相对闭合差的计算、坐标增量闭合差的调整、坐标计算都与闭合导线一致,在此不多述。

附和导线的实例计算见表3-16。

表 3-16 附和导线计算表

点号	观测角（右角）	改正数	改正后的角值	坐标方位角	边长/m	坐标增量计算值/m Δx	坐标增量计算值/m Δy	改正后的坐标增量/m Δx	改正后的坐标增量/m Δy	坐标/m X	坐标/m Y	备注
1	2		3	4	5	6	7	8	9	10	11	12
A												
				224°03′12″								
B(1)	245°43′00″	+6″	245°43′06″							640.93	1 068.44	
				158°20′06″	82.14	−0.01 −76.34	+0.02 +30.32	−76.35	+30.34			
2	213°00′30″	+6″	213°00′36″							564.58	1 098.78	
				125°19′30″	77.28	0 −44.68	+0.02 +63.05	−44.68	+63.07			
3	224°48′30″	+6″	224°48′36″							519.90	1 161.85	
				88°30′54″	89.62	−0.01 +14.77	+0.02 +88.39	+14.76	+88.41			
4	214°21′30″	+6″	214°21′36″							534.66	1 250.26	
				46°09′18″	79.85	0 +55.31	+0.02 +57.59	+55.31	+57.61			
C(5)	202°00′00″	+6″	202°00′06″							589.97	1 307.87	
				24°09′12″								
D												

备注（第 12 栏）：

$\sum\beta_{右} = 7\ 099°53'30''$

$f_\beta = -30''$

$f_{\beta容} = \pm 40\sqrt{n} = \pm 89'' > f_\beta$

$\sum D = 328.89$

$\sum \Delta x = -50.94$

$\sum \Delta y = 239.35$

$f_x = +0.02$

$f_y = -0.08$

$f_D = 0.08$

$K = 0.08/328.89$

$= 1/4\ 100 < 1/2\ 000$

备注：

点号	x	y
A	842.71	1 263.66
B	640.93	1 068.44
C	589.97	1 307.87
D	793.52	1 399.15

$\mathrm{tg}\ \alpha_{AB} = -195.22/-201.78 = 0.9675$

$\mathrm{tg}\ \alpha_{CD} = 91.28/203.55 = 0.4484$

$\alpha_{AB} = 224°03'12''$

$\alpha_{CD} = 24°09'12''$

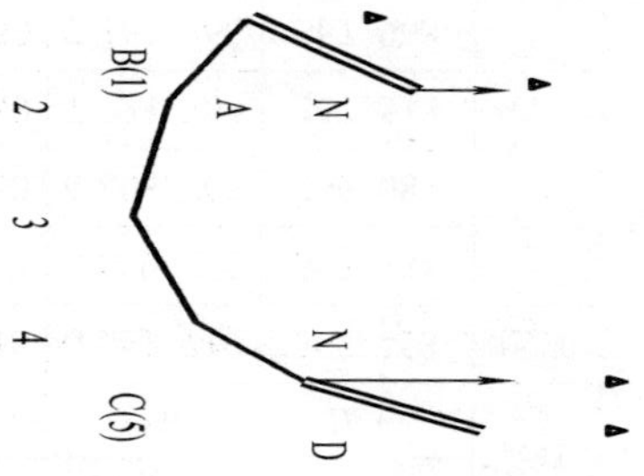

表 3-17　以坐标为观测量的导线平差计算表

点名	坐标观测值			边长	改正数			坐标平差值			备注	辅助计算
	X/m	Y/m	H/m	/m	Vx/mm	Vy/mm	Vh/mm	X/m	Y/m	H/m		
A								3 680. 016	6 551. 719	365. 458	已知	
				191. 559								
1	3 558. 453 2	6 699. 764 1	367. 734		-1. 65	0. 88	0. 38	3 558. 452	6 699. 765	367. 734		$f_x=+15.9$ mm
				158. 448								
2	3 673. 453 2	6 808. 763 0	366. 683		-3. 02	1. 61	0. 64	3 673. 450	6 808. 765	366. 684		$f_y=-8.50$ mm
				242. 538								
3	3 789. 454 7	7 021. 761 5	367. 516		-5. 11	2. 73	1. 25	3 789. 450	7 021. 764	367. 517		$f_h=-4.00$ mm
				172. 046								
4	3 689. 456 5	7 161. 762 2	367. 966		-6. 60	3. 53	1. 56	3 689. 450	7 161. 766	367. 968		$f_D=18.03$ mm
				180. 701								
5	3 767. 458 7	7 324. 760 7	367. 922		-8. 16	4. 36	1. 90	3 767. 451	7 324. 765	367. 924		$\sum D=1\ 842.303$ m
				234. 480								
6	3 701. 462 0	7 549. 761 4	368. 054		-10. 18	5. 44	2. 47	3 701. 452	7 549. 767	368. 056		$K=0.018\ 03/1\ 842.303$
				240. 881								
7	3 911. 463 3	7 667. 757 7	368. 217		-12. 26	6. 55	3. 08	3 911. 451	7 667. 764	368. 220		$=1/102\ 179<K_{允}$
				211. 568								
8	3 842. 466 7	7 867. 759 0	367. 058		-14. 09	7. 53	3. 54	3 842. 453	7 867. 767	367. 062		
				210. 082								
B	3 991. 111 9	8 016. 214 5	366. 78		-15. 90	8. 50	4. 00	3 991. 096	8 016. 223	366. 784	已知	

4. 全站仪导线测量

前面讲述的闭合、附和导线的计算都是经纬仪法的导线测量计算，只能测出角度和边长的观测量。目前，随着全站仪在工程测量中应用的逐渐普及，应用全站仪观测导线，可以通过机内的微处理器，直接得到地面点的平面近似坐标，因此在成果处理时可以应用这些近似坐标直接按坐标平差（即间接平差）法进行平差。这将优于过去导线计算过程中先进行边、角平差后，再求取坐标的方法。下面介绍的是采用全站仪观测导线的近似平差方法。

(1) 外业观测工作

全站仪导线测量的外业工作除勘察选点及建立标志外，主要应测得导线点的坐标和相邻点间的边长，并以此作为观测值。其观测步骤如下。

如图 3-25 所示，将全站仪安置于起始点 B（高级控制点），按距离与三维坐标的测量方法测定控制点 2 与 B 点的距离以及 2 点的坐标值。再将仪器安置在已测坐标的 2 点上，按同样的方法测得 2 与 3 点的距离和 3 点的坐标值。依次观测，最后测得终点高级控制点 C 的坐标观测值（X'_c, Y'_c）。

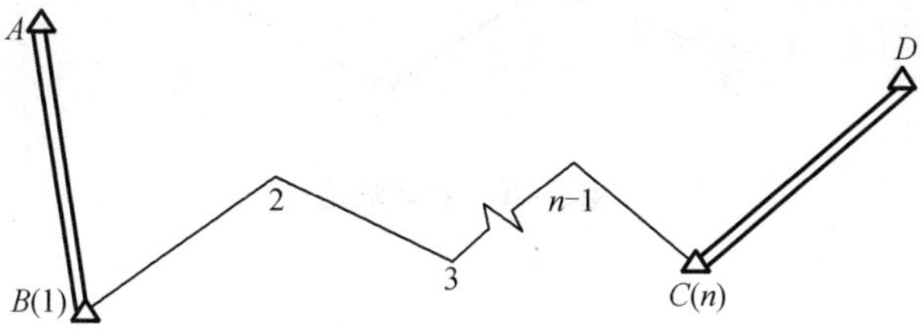

图 3-25　全站仪导线测量

由于 C 为高级控制点，其坐标已知。在实际测量中，由于各种因素存在，C 点的坐标观测值不等于其已知值，因此，需对观测成果进行处理。

2. 以坐标为观测值得导线平差计算

在图 3-25 中，设 C 点坐标为（X_c, Y_c），坐标观测值为（X'_c, Y'_c），这纵、横坐标的闭合差为

$$\begin{aligned} f_x &= x'_C - x_C \\ f_y &= y'_C - y_C \end{aligned} \qquad (3\text{-}28)$$

由此可根据式（3-21）和式（3-22）计算出导线全长闭合差 f_D 和导线全长相对闭合差 K。若 $K \leqslant K_{容}$，表明测量结果满足精度要求，则可按下式计算各点坐标的改正数：

$$V_{xi} = -\frac{f_x}{\sum D}\sum D_i$$

$$V_{yi} = -\frac{f_y}{\sum D}\sum D_i \qquad (3\text{-}29)$$

式中　$\sum D$—— 导线全长；

$\sum D_i$—— 第 i 点之前的导线边长之和。

根据起始点的已知坐标和各点坐标的改正数，可按下面公式以此计算各导线点的坐标：

$$X_i = x_i' + v_{xi}$$
$$Yi = y_i' + v_{yi} \tag{3-30}$$

以坐标为观测值得导线平差计算实例见表 3-8。

三、任务实施

(一)准备工作

1. 领取仪器:全站仪 1 台,棱镜及杆 2 套、记录板 1 块。

2. 布置场地:在实验场地布置 1、2、3、4、5 五个导线点的闭合导线。B、1 点坐标已知(图 3-26)。

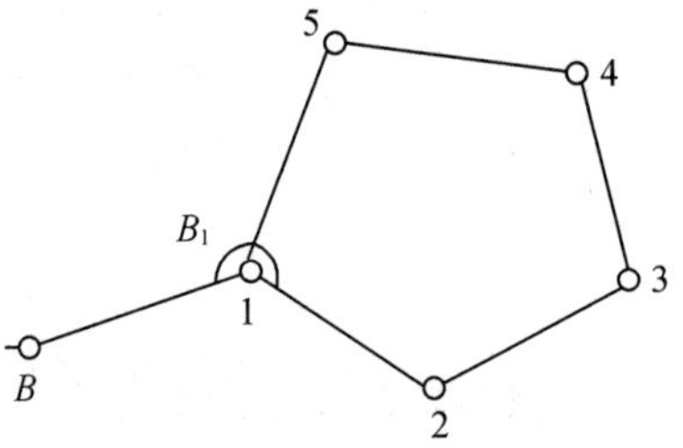

图 3-26　布置场地

(二)实施过程

1. 外业

(1)在 1 点架设全站仪,对中、整平后开机,进入坐标测量模式进行坐标测量。输入测站 1 坐标($x1$,$y1$)。输入后视 B 坐标并瞄准 B 点棱镜按确认(定后视方向)。瞄准 2 点棱镜按测量键,则可测出 2 点坐标,记录其坐标。

(2)将全站仪搬站至 2 点,以 2 为测站,以 1 为后视,观测 3 点,记录其坐标。

(3)将全站仪搬站至 3 点,以 3 为测站,以 2 为后视,观测 4 点,记录其坐标。

(4)将全站仪搬站至 4 点,以 4 为测站,以 3 为后视,观测 5 点,记录其坐标。

(5)将全站仪搬站至 5 点,以 5 为测站,以 4 为后视,观测 1 点,记录其坐标。

2. 计算

(1)计算全长相对闭合差,满足限差要求后进入下一步计算。

(2)计算平差后的各点坐标。

导线测量计算表见表 3-18。

表 3-18　导线测量记录计算表

点名	坐标观测值		边长	坐标改正数		平差后坐标	
	X	Y		V_X	V_Y	X	Y
1							
2							
3							
4							
5							
1							
辅助计算							

四、任务工作单

任务工作单见表 3-19。

表 3-19　任务工作单

学习情境：平面测量	班级		日期	
	姓名			
工作任务：平面控制测量	学号		评分	

1. 任务内容

(1)导线布设形式。

(2)经纬仪法导线测量的成果计算。

(3)全站仪法导线测量的成果计算。

2. 基本知识

(1)坐标正算和坐标反算的原理及公式。

(2)画出导线的几种布设形式。

(3)导线测量的外业步骤及如何选点。

(4)闭合导线和附和导线的成果计算。

(5)全站仪法导线测量的成果计算。

3. 任务实施

(1)在老师的指导下布设好闭合导线路线，至少 4 个导线点以上。

(2)按测量方案完成全站仪导线测量及相关数据的计算。

(3)测量工作完成后，还应按一定的检校方法对测量结果进行检查，确保测量结果的正确性及精度。养成检校的习惯，组与组之间要多交流，共同探讨，获取处理及测量结果的整理方法。

(4)完成本任务的测量数据的处理及成果的整理。

4. 任务小结

通过此工作任务的实施，各小组集中完成下述工作。

(1)你认为本次教学是否达到预期目的，还有什么意见和建议

表 3-19(续)

(2)什么是导线测量,如何进行外业工作,观测哪些数据?

(3)坐标正算和坐标反算如何进行?

(4)闭合、附和导线的内业计算如何进行?

(5)全站仪导线测量的内业计算如何进行?

(6)已知 1-2 边的坐标方位角为 A_{12} 及各转点处的水平角如下图,试推算各边的坐标方位角。

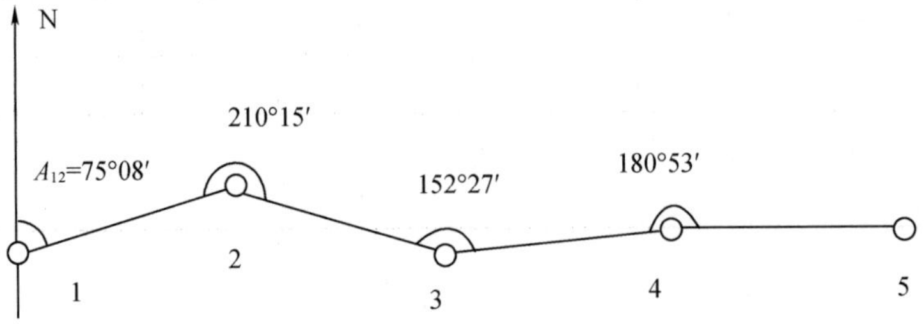

(7)如下图,已知 A 点坐标 $XA=500.000$ m,$YA=1\ 000.000$ m,列表求出闭合导线 B、C、D 的坐标。

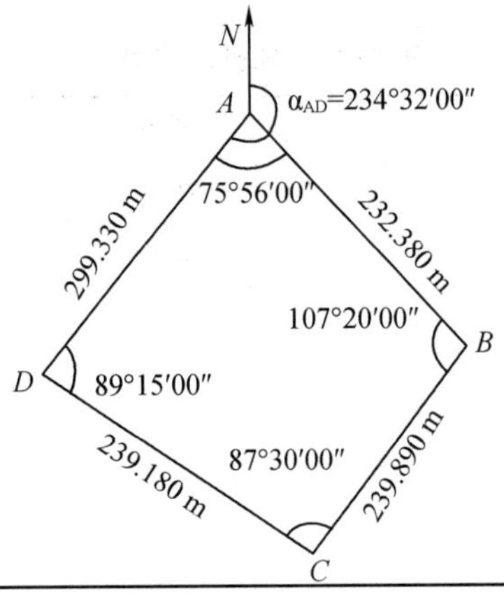

实操五　全站仪导线测量

一、实训目的

(1)掌握导线的布设方法。
(2)掌握全站仪导线测量方法。
(3)掌握全站仪导线测量的内业计算方法。

二、实训工具及设备

(1)全站仪 1 台、棱镜及杆 2 套、木桩及小钉若干、测伞 1 把。
(2)场地由指导老师指定实训场地选定点有 *A*、*B*、*C*、*D*、1、2、3、4。

三、实训注意事项

注意计算中的各项检核。

四、实训内容

(一)观测方法

如图 3-27 所示附合导线,已知 *A*、*B*、*C*、*D* 各点的三维坐标,观测并平差计算 1、2、3、4 各点的三维坐标。

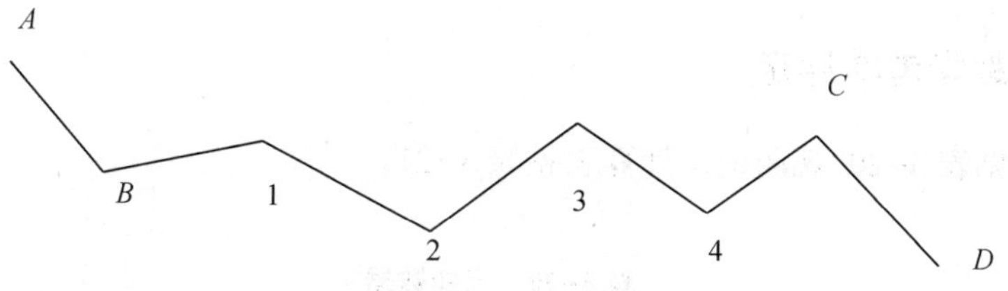

图 3-27　附合导线示意图

(1)在 *A* 点和 1 点分别设置棱镜,对中、整平后量取棱镜高。
(2)在 *B* 点架设全站仪,对中、整平后量取仪器高。
(3)开机进入坐标测量模式进行坐标测量。

输入测站 *B* 坐标(*xB*,*yB*,*HB*)。

输入仪器高和目标高。

输入后视 *A* 坐标并瞄准 *A* 点棱镜按确认。(定后视方向)测量。瞄准 1 点棱镜按测量键,则可测出 1 点坐标,记录其坐标。

(4)将全站仪搬站至 1 点,以 1 为测站,以 B 为后视,观测 2 点,记录其坐标。
(5)将全站仪搬站至 2 点,以 2 为测站,以 1 为后视,观测 3 点,记录其坐标。

(6)将全站仪搬站至 3 点,以 3 为测站,以 2 为后视,观测 4 点,记录其坐标。

(7)将全站仪搬站至 4 点,以 4 为测站,以 3 为后视,观测 C 点,记录其坐标。

(二)成果计算

1. 计算纵、横坐标闭合差

$$fx = x'c - xc$$

$$fy = y'c - yc$$

2. 计算导线全长闭合差、相对闭合差

$$fD = \sqrt{f2x + f2y}$$

$$k = 1/\sum D/f$$

3. 计算各点坐标改正数

$$Vx = -fxDi/\sum D$$

$$vy = -fyDi/\sum D$$

4. 计算改正后各点坐标

$$Xi = x'i + Vx$$

$$yi = y'i + vy$$

5. 计算高程闭合差

$$fH = H'C - Hc$$

6. 计算各点高程改正数

$$vH = -fH\ Di/\sum D$$

7. 计算改正后各点高程

$$Hi = H'i + VH$$

五、实训教学考核评定

已知数据见表 3-20,观测记录计算表见表 3-21。

表 3-20　已知数据

点号	X/m	Y/m	Z/m
A	227. 786	825. 192	1 052. 170
B	144. 102	816. 787	1 052. 063
C	71. 854	1 110. 871	1 050. 185
D	139. 568	1 111. 190	1 050. 470

表 3-21　观测记录计算表

点号	坐标观测值/m			距离/m	坐标改正数/m			坐标值/m			点号
	X'	y'	H'	D	Vx	Vy	U_H	X	Y	H	
辅助计算					绘制草图						

工作任务三　控制点加密

一、任务概述

(一)应知应会

通过本工作任务的学习与具体实施,学生应学会下列知识。

(1)控制点加密的各种形式。

(2)交会定点的计算工作。

通过本工作任务的学习与具体实施,学生应掌握下列技能。

(1)交会定点的布点要求。

(2)交会定点的外业测量和内业计算工作。

(二)学习要求

(1)学生在上课前,应到本课程的网站中预习本工作任务的相关内容。

(2)本课程采用理实一体化的模式组织教学,学生在学习过程中,要注重理论与实践的结合,提高自己的动手能力。

(3)每个工作任务学习结束后,学生应独立完成任务工作单的填写。

二、相关知识

当测区内已有的控制点密度不能满足要求,但需加密的控制点数量不多时,可采用交会法来加密控制点,称为交会定点。交会定点主要有前方交会法、侧方交会法、后方交会法和边长交会法4种。侧方交会的计算方法与前方交会基本相同,因此我们主要介绍前方交会、后方交会和边长交会。

(一)前方交会

如图3-28(a),在已知点A、B分别对P点观测了水平角α和β,求P点坐标,称为前方交会。

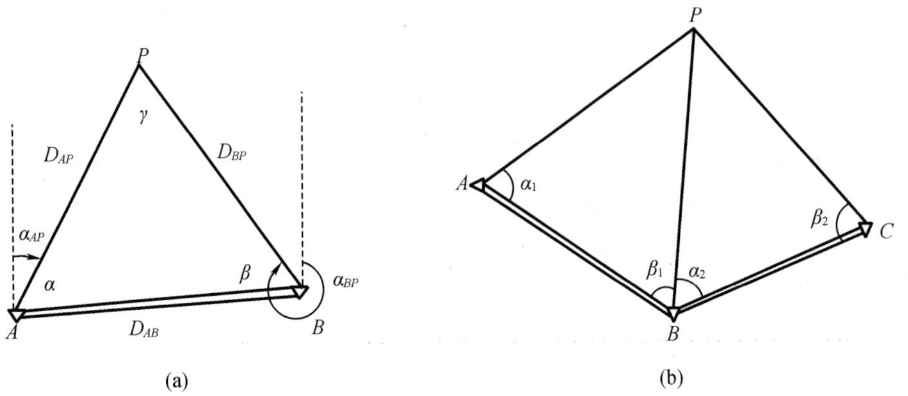

图3-28 前方交会法

P点精度除了与α、β角观测精度有关,还与α、β角的大小有关。角度接近90度精度最高,在不利条件下α角也不应小于30°或大于120°。

下面我们以一个三角形为例推导前方交会定点的计算公式。

由图3-28(a)知:

$$x_p = x_A + D_{AP}\cos\alpha_{AP}$$

$$\alpha_{AP} = \alpha_{AB} - \alpha$$

$$D_{AP} = \frac{D_{AB}\sin\beta}{\sin(\alpha+\beta)}$$

所以:

$$x_p = \frac{x_A ctg\beta + x_B ctg\alpha + (y_B - y_A)}{ctg\alpha + ctg\beta}$$

同理可证得Y_P。

因此前方交会法计算未知点P坐标的公式为

$$\begin{cases} x_P = \dfrac{x_A ctg\ \beta + x_B ctg\ \alpha + (y_B - y_A)}{ctg\ \alpha + ctg\ \beta} \\ y_P = \dfrac{y_A ctg\ \beta + y_B ctg\ \alpha - (x_B - x_A)}{ctg\ \alpha + ctg\ \beta} \end{cases} \tag{3-31}$$

为了校核 P 点的精度,前方交会通常是在三个已知点上进行观测,如图 3-28(b),测定 α_1、β_1 和 α_2、β_2,然后由这两个交会三角形各自按公式(3-31)计算 P 点坐标。因为测角误差的存在,求得的两组 P 点坐标不完全相同,其点位的较差为

$$\Delta D = \sqrt{\delta_x^2 + \delta_y^2} \tag{3-32}$$

其中 δx、δy 分别为两组 Xp、Yp 坐标值之差。当 $\Delta D \leqslant 2\times 0.1 Mmm$ 时(M 为测图比例尺),可取两组坐标的平均值作为最后结果。计算实例见表 3-22。

表 3-22 前方交会计算

野外图	$X_A=37\ 477.54$ $Y_A=16\ 307.24$ $X_B=37\ 327.20$ $Y_B=16\ 078.90$ $X_C=37\ 163.69$ $Y_C=1\ 604.65$			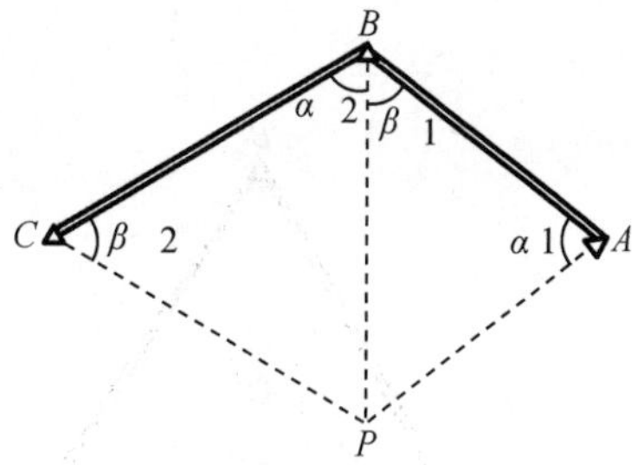 		
三角形	观测角		余切		X_P	Y_P
P A B	α_1 β_1	40°41′57″ 75°19′02″	ctg α_1 ctg β_1	1.162 641 0.262 024	37 194.57	16 226.42
			$\sum$	1.424 665		
P B C	α_2 β_2	59°11′35″ 69°06′24″	ctg α_1 ctg β_1	0.596 284 0.381 730	37 194.53	16 226.42
			$\sum$	0.978 014		
校核	$\delta x=0.04$ m $\delta y=0.00$ m $\Delta D=\sqrt{\delta_x^2+\delta_y^2}=0.04$ m $\Delta D_{容}=2\times 0.1\text{M}=2\times 0.1\times 1\ 000=0.2$ m					$X_P=37\ 194.55$ $Y_P=16\ 226.42$

(二)后方交会法

如图 3-29 中 A、B、C 为已知点,将经纬仪安置在 P 点上,观测 P 点至 A、B、C 各方向的夹角 α、β、γ。根据已知点坐标,即可推算 P 点坐标,这种方法称为后方交会。其优点是不必在多个已知点上设站观测,野外工作量少,故当已知点不易到达时,可采用后方交会确定待定点。但后方交会计算工作量较大,计算公式很多,这里仅介绍其中一种——仿权计算法。如图 3-29(a),未知点 P 的坐标按下式计算:

$$\begin{cases} x_P=\dfrac{P_Ax_A+P_Bx_B+P_Cx_C}{P_A+P_B+P_C} \\ y_P=\dfrac{P_Ay_A+P_By_B+P_Cy_C}{P_A+P_B+P_C} \end{cases} \tag{3-33}$$

其中，$P_A=\dfrac{1}{\mathrm{ctg}\angle A-\mathrm{ctg}\ \alpha}$。

$$\begin{cases} P_B=\dfrac{1}{\mathrm{ctg}\angle B-\mathrm{ctg}\ \beta} \\ P_C=\dfrac{1}{\mathrm{ctg}\angle C-\mathrm{ctg}\ \gamma} \end{cases} \tag{3-34}$$

公式中$\angle A$、$\angle B$、$\angle C$为它们构成的三角形的内角。未知点P上的三个角α、β、γ必须分别与已知点A、B、C按照图3-29(a)所示的关系相对应，可采用方向观测法进行测量，总和应等于360度。

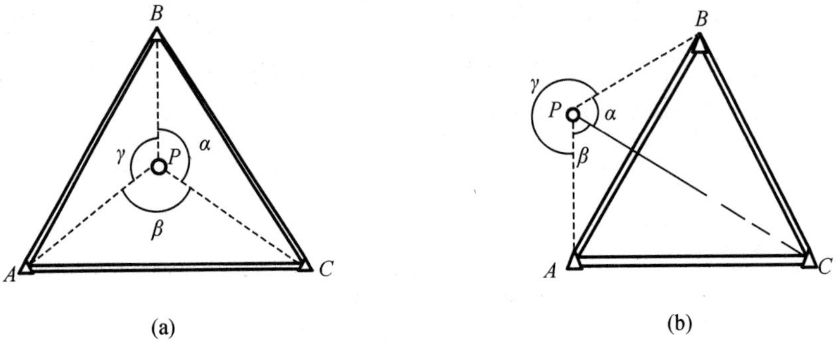

图3-29 后方交会法

若P点选在三角形任意两条边长的延长线夹角之间，如图3-29(b)所示，应用公式(3-34)时，α、β、γ必须以负值代入公式计算。

注意：在选择P点时，应特别注意P点不能位于或接近三个已知点的外接圆上，否则P点坐标为不定解或计算精度低。

计算实例见表3-23。

(三)边长交会法

如图3-30，A、B、C为已知控制点，P为待定点，若测量了边长a、b、c，根据已知点的坐标及边长，通过计算即可求出P点坐标，这种方法称为边长交会法。随着测距仪的普及应用，边长交会法目前成为常用的一种交会方法。

如图3-30，在三角形ABP和三角形BCP中，因为：

$$\cos\angle A=\frac{D_{AB}^2+a^2-b^2}{2D_{AB}\cdot a}$$

$$\alpha_{AP}=\alpha_{AB}-\angle A$$

表 3-23　后方交会法计算

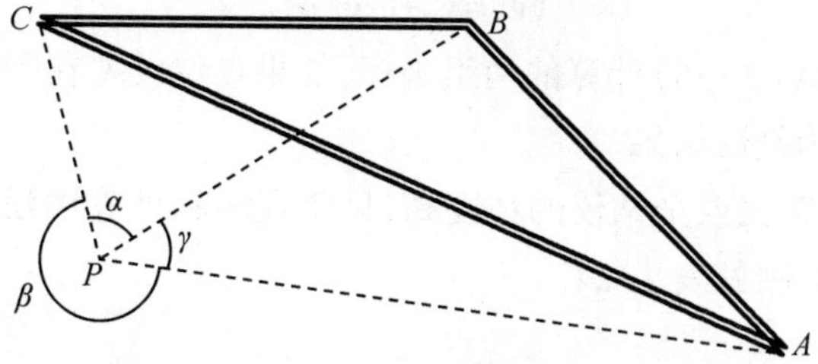

X_A	1 432. 566	Y_A	4 488. 226	α	79°25′24″
X_B	1 946. 723	Y_B	4 463. 519	β	216°32′04″
X_C	1 923. 556	Y_C	3 925. 008	γ	63°42′32″
X_A-X_B	−514. 157	Y_A-Y_B	24. 707	α_{BA}	177°14′55. 8″
X_B-X_C	23. 167	Y_B-Y_C	538. 511	β_{CB}	87°32′11. 9″
X_A-X_C	−490. 990	Y_A-Y_C	563. 218	γ_{CA}	131°04′50″
$\angle A$	46°10′5. 8″	P_A	1. 293 15		
$\angle B$	90°17′16. 1″	P_B	−0. 747 128	X_P	1 644. 555
$\angle C$	43°32′38. 1″	P_C	1. 791 71	Y_P	4 064. 458
$\sum$	180°00′00″		2. 337 73		

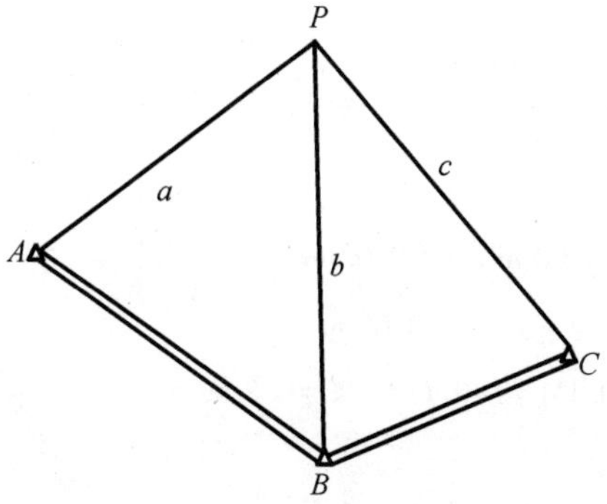

图 3-30　边长交会法

所以：

$$\begin{cases} x_P = x_A + a\cos\ \alpha_{AP} \\ y_P = y_A + a\sin\ \alpha_{AP} \end{cases} \tag{3-35}$$

同理：

$$\cos\angle C = \frac{D_{BC}^2 + c^2 - b^2}{2D_{BC}\cdot c}$$

$$\alpha_{CP} = \alpha_{CB} + \angle C$$

所以：

$$\begin{cases} x_P = x_C + c\cos\alpha_{CP} \\ y_P = y_C + c\sin\alpha_{CP} \end{cases} \tag{3-36}$$

根据式(3-35)和式(3-36)计算的两组坐标,如果点位较差在限差之内(同前方交会的限差),则取平均值作为最后结果。

一般来说,由于测距仪或全站仪的精度高,只要观测和计算中没有错误,计算结果肯定满足精度要求。计算实例见表3-24。

表3-24　测边交会计算

X_A	64 374. 87	Y_A	66 564. 14	a	565. 658
X_B	65 144. 96	Y_B	66 083. 07	b	487. 299
X_C	64 512. 97	Y_C	65 541. 71	c	551. 926
X_B-X_A	770. 09	Y_B-Y_A	-481. 07	S_1	908. 002
X_B-X_C	631. 99	Y_B-Y_C	541. 36	S_2	832. 155
α_{AB}	328°00′26″	α_{CB}	40°35′00″		
$\angle A$	28°00′09″	$\angle C$	34°12′37″		
α_{AP}	300°00′17″	α_{CP}	74°47′37″		
X_P	64 657. 74	X_P	64 657. 74	中数 X_P	64 657. 74
Y_P	66 074. 29	Y_P	66 074. 31	中数 Y_P	66 074. 30
校核	$\delta x = 0.00$ m　$\delta y = 0.02$ m $\Delta D = \sqrt{\delta_x^2+\delta_y^2} = 0.02$ m $\Delta D_{容} = 2\times0.1M = 2\times0.1\times1\ 000 = 0.2$ m		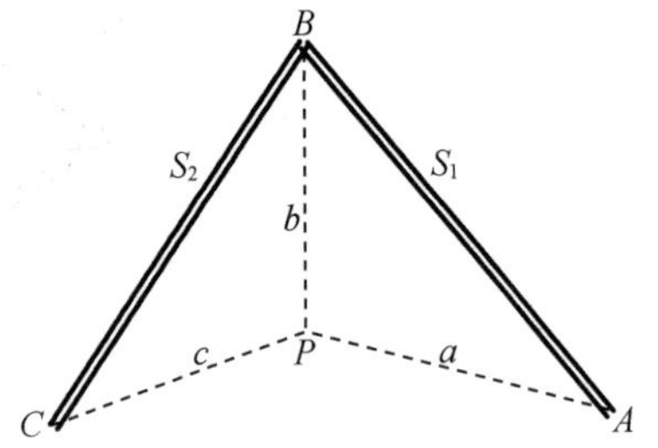 		

三、任务实施

(一)准备工作

(1)领取仪器:全站仪1台、棱镜及杆2套、记录板1块。

(2)布置场地(图3-31):在实验场地布置 A、B、C、P 4个点,其中 A、B、C 点坐标已知。

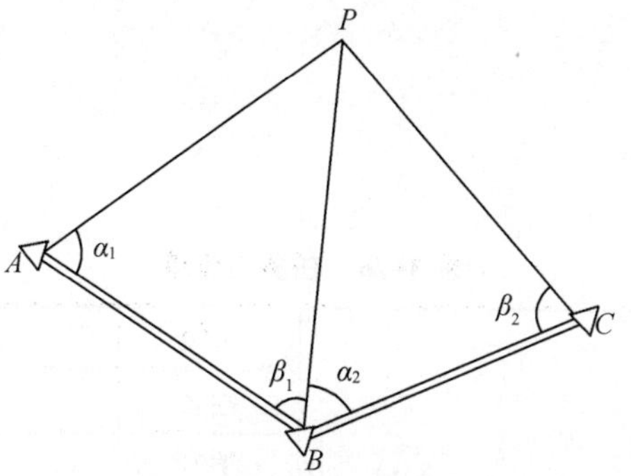

图 3-31　布置场地

(二)任务实施(前方交会法)

(1)把仪器安置在 A 点,测量∠PAB,记录。

(2)把仪器安置在 B 点,测量∠PBA、∠PBC,记录。

(3)把仪器安置在 C 点,测量∠PCB,记录。

(4)计算 P 点坐标。

前方交会计算见表 3-25。

表 3-25　前方交会计算

<table>
<tr><td>野外图</td><td colspan="4">$X_A=$　　$Y_A=$
$X_B=$　　$Y_B=$
$X_C=$　　$Y_C=$</td><td colspan="2">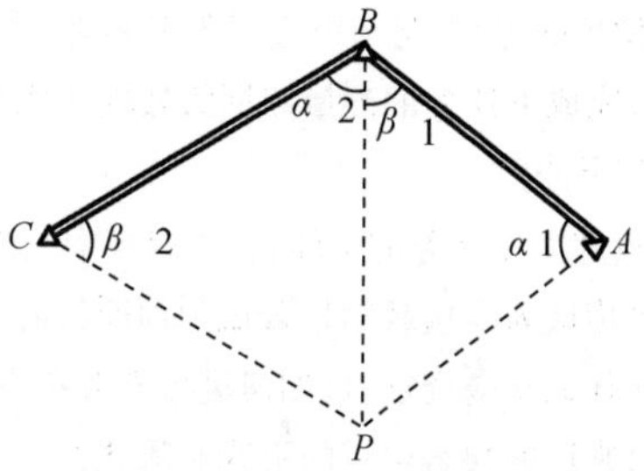</td></tr>
<tr><td>三角形</td><td colspan="2">观测角</td><td colspan="2">余切</td><td>X_P</td><td>Y_P</td></tr>
<tr><td rowspan="2">P
A
B</td><td rowspan="2">α_1
β_1</td><td rowspan="2"></td><td>ctg α_1
ctg β_1</td><td></td><td rowspan="2"></td><td rowspan="2"></td></tr>
<tr><td>∑</td><td></td></tr>
<tr><td rowspan="2">P
B
C</td><td rowspan="2">α_2
β_2</td><td rowspan="2"></td><td>ctg α_1
ctg β_1</td><td></td><td rowspan="2"></td><td rowspan="2"></td></tr>
<tr><td>∑</td><td></td></tr>
<tr><td>校核</td><td colspan="5">$\delta x=$　　$\delta y=$
$\Delta D=\sqrt{\delta_x^2+\delta_y^2}=$
$\Delta D_{容}=2\times0.1M=2\times0.1\times1\ 000=0.2$ m</td><td>$X_P=$
$Y_P=$</td></tr>
</table>

四、任务工作单

任务工作单见表 3-26。

表 3-26 任务工作单

学习情境:平面测量	班级		日期	
	姓名			
工作任务:控制点加密	学号		评分	

1. 任务内容

(1)交会定点布设形式。

(2)各种交会定点的计算。

2. 基本知识

(1)画出各种交会定点的布设形式。

(2)各种交会定点的布设要求。

(3)各种交会定点的内业计算。

3. 任务实施

(1)在老师的指导下利用上一任务的闭合导线控制点布设好后方交会的点。

(2)按测量方案完成后方交会的测量及相关数据的计算。

(3)测量工作完成后,还应按一定的检校方法对测量结果进行检查,确保测量结果的正确性及精度。养成检校的习惯,组与组之间要多交流,共同探讨,获取处理及测量结果的整理方法。

(4)完成本任务的测量数据的处理及成果的整理。

4. 任务小结

通过此工作任务的实施,各小组集中完成下述工作。

(1)你认为本次教学是否达到预期目的,还有什么意见和建议?

(2)什么是交会定点,如何进行外业布点,观测哪些数据?

(3)常用的交会定点的形式有哪些?

(4)下图为前方交会示意图,已知数据如表,求待定点 P 坐标。

点名	x/m	y/m
A	3 646.350	1 054.540
B	3 873.960	1 772.680
C	4 538 450	1 862.570
观测角	a(° ′ ″)	β(° ′ ″)
1	64 03 30	59 46 40
2	55 30 36	72 44 47

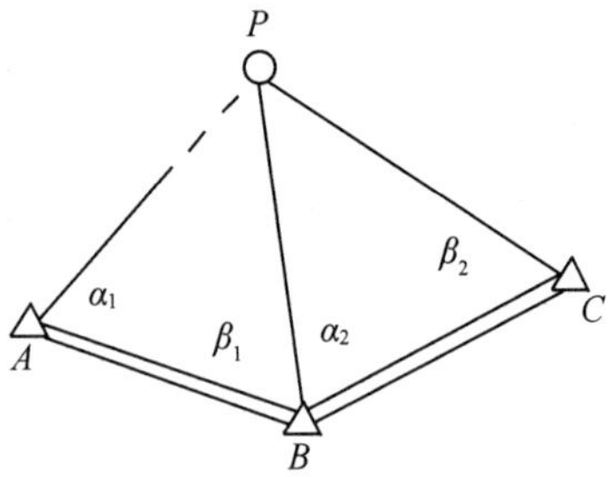

学习情境四　大比例尺地形图测绘

情境概述

一、职业能力分析

(1)熟练地形图基本知识,掌握识图。

(2)熟练掌握普通测图和数字化测图外业数据采集方法。

(3)熟练掌握手绘和数字化绘图的成图方法。

二、学习情境描述

施工单位进场后,根据甲方提供的场外已知高级控制点的平面坐标和高程,布设自己的测图控制网后,利用控制点用全站仪测场地内的各碎部点,绘制大比例地形图,完成手绘地形图和机绘地形图各一张。

三、教学环境要求

学习情境要求在理实一体化专业教室和室外实训完成,要求每组配备全站仪、棱镜、脚架各一套,可以用于查询资料和绘图的电脑、任务工作单、多媒体教学设备、课件和视频教学资料等。

学生每6人一个小组,各组独立完成相关的工作任务,并在教学完成后提交任务工作单。

工作任务一　测图数据采集

一、任务概述

(一)应知应会

通过本工作任务的学习与具体实施,学生应学会下列知识。

(1)地形图的内容和概念以及绘图的规范。

(2)传统测图和数字化测图的外业数据采集方法。

通过本工作任务的学习与具体实施,学生应掌握下列技能。

(1)数字化测图的外业方法。

(2)能熟练识图。

(二)学习要求

(1)学生在上课前,应到本课程的网站中预习本工作任务的相关内容。

(2)本课程采用理实一体化的模式组织教学,学生在学习过程中,要注重理论与实践的结合,提高自己的动手能力。

(3)每个工作任务学习结束后,学生应独立完成任务工作单的填写。

二、相关知识

地球表面上的物体概括起来可以分为地物和地貌两大类。

地物是指自然形成或人工建成的有明显轮廓的物体,如道路、桥梁、隧道、房屋、耕地、河流、湖泊、树木、电线杆等。地貌是指地面高低起伏变化的地势,如平原、丘陵、山脉等。

从狭义上讲,地形是指地貌;从广义上讲,地形是地物和地貌的总称。测量学中用地形图表示地物、地貌的状况及地面点之间的相互位置关系。

地形图是把地面上地物和地貌的形状、大小和位置,采用正射投影的方法,运用特定的符号,按一定的比例尺缩绘于平面的图形。地形图既表示地物的平面位置,也表示地貌的形态。如果图纸上只反映地物的平面位置,而不反映地貌的形态,则称为平面图。

如果考虑地球曲率的影响,采用地图投影的方法绘制的全球、全国、全省的大区域的图称为地图。地形图是规划、设计工作的重要依据,在进行道路、桥梁、地下管道和房屋建筑等各种工程的规划和设计时,都必须对拟建地区的情况做周密的调查研究,以便使规划、设计从实际情况出发,使工程得以顺利进行。

地形图是用许多专用符号和注记表示出来的。如果符号不统一,就会给地形图的使用者造成混乱。国家测绘机关曾颁发了各种比例尺的《地形图图示》,各个企业部门也都按照国家的规定,结合本部门的特点,补充一些具体的图例,供测绘和识图时应用。

(一)地形图的基本知识

1. 比例尺

地形图上某一线段长度与实地相应线段的水平长度之比,称为地形图的比例尺。根据表示方法不同,比例尺可分为数字比例尺和直线比例尺两种。

(1)数字比例尺

数字比例尺一般用分子为1的分数形式表示。

设图上某一直线的长度为 d,地面上相应直线的水平长度为 D,则图的比例尺为

$$\frac{d}{D}=\frac{1}{M} \tag{4-1}$$

式中分母 M 为缩小的倍数,分母越大比例尺就越小,反之分母越小,比例尺就越大。

例如:图上 1 cm 的长度表示地面上 1 m 的水平长度,称为百分之一的比例尺;图上 1 cm 表示地面上 10 m 的水平长度,称为千分之一的比例尺。

通常以 1/500~1/10 000 的比例尺称为大比例尺；1/25 000~1/100 000 的比例尺为中比例尺；小于 1/100 000 的比例尺为小比例尺。

数字比例尺按地形图图示规定，书写在图廓下方正中。

(2) 直线比例尺

用图上线段长度表示实际水平距离的比例尺，称为直线比例尺，又称图示比例尺。如图 4-1 所示。

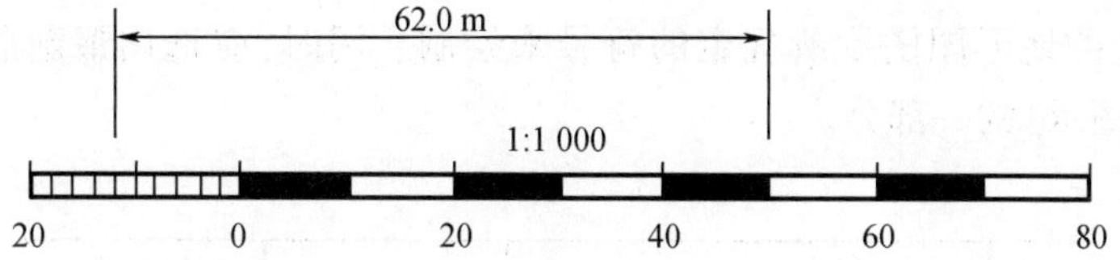

图 4-1　直线比例尺

直线比例尺一般都画在地形图的底部中央，以 2 cm 为基本单位。绘制方法如下。

①先在图纸上绘一条直线，在该直线上截取若干 2 cm 或 1 cm 的线段，这些线段称为比例尺的基本单位。

②将最左端的基本单位再分成 20 或 10 等分，然后，在基本单位的右分点上注记 0。

③自 0 点起，在向左向右的各分点上，注记不同线段所代表的实际长度。

图纸在干湿情况不同时，是有伸缩的，图纸在使用过程中也要变形，若用木制的三棱尺去量图上的长度，则必然产生一些误差。为了用图方便，以及减小图纸伸缩而引起的误差，一般图廓的下方绘一直线比例尺，用以直接量度图上直线的实际水平距离。用图时以图上所绘的直线比例尺为准，则由于图纸的伸缩而产生的误差就可以基本消除。

3. 比例尺精度

地形图上 0. 1 mm 所代表的实地水平长度称为比例尺精度。人们用肉眼能直接分辨出的图上最小距离为 0. 1 mm。假如地面上某距离按比例尺缩小后，长度短于 0. 1 mm 时，则在图上画不出来。

$$\varepsilon = 0.1 \times M \tag{4-2}$$

式中　ε——比例尺精度；

M——地形图数字比例尺分母。

比例尺大小不同，比例尺精度就不同。常用大比例尺地形图的比例尺精度见表 4-1。

表 4-1　大比例尺地形图的比例尺精度

比例尺	1:500	1:1 000	1:2 000	1:5 000	1:10 000
比例尺精度/m	0. 05	0. 1	0. 2	0. 5	1

比例尺精度的重要意义

(1) 当测图比例尺确定后，根据比例尺的精度，可以推算出测量距离时应精确到什么程度；例如测绘 1:2 000 比例尺的地形图时，测量地面上距离的精度只需 0. 2 m，因测量得再精确,小于 0.2 m 的地物在地形图上也表示不出来。

(2)为使某种尺寸的物体和地面形态都能在图上表示出来,可按要求确定测图比例尺。如要求在图上能表示出 1 m 长,则所用的比例尺不应小于 1/10 000。

(二)地物的表示方法

地形图上的主要内容是地物和地貌,在地形图上地物都用规定的符号表示。表示地物的符号称为地物符号。我国由国家测绘局制定、技术监督局发布的《地形图图示》,对地形图上的符号做了统一的规定,按不同的比例尺分为若干册。测绘地形图时,应按照比例尺的不同选用相应的地形图图示所规定的符号来绘制。同时,应选用最新版本为依据。图 4-2 是《地形图图示》的一部分。

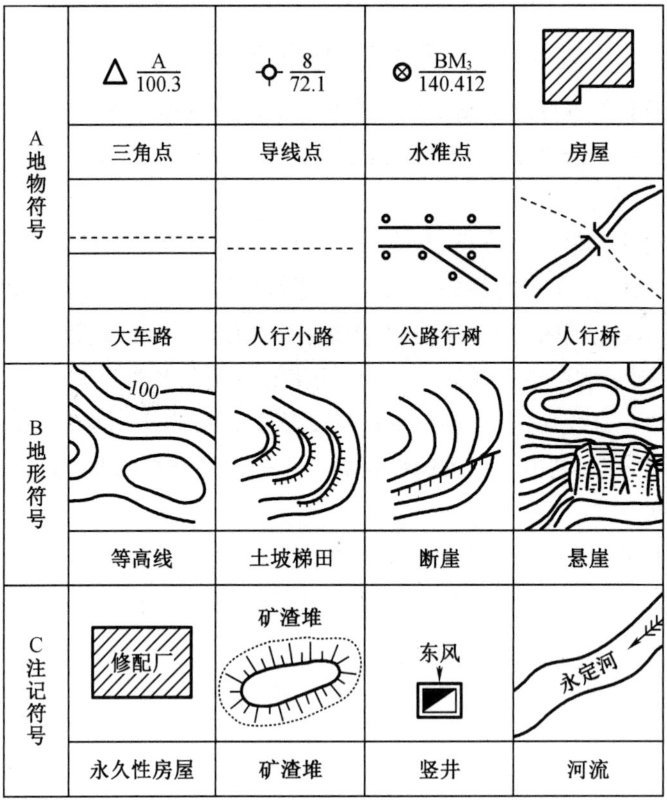

图 4-2　地形图图示

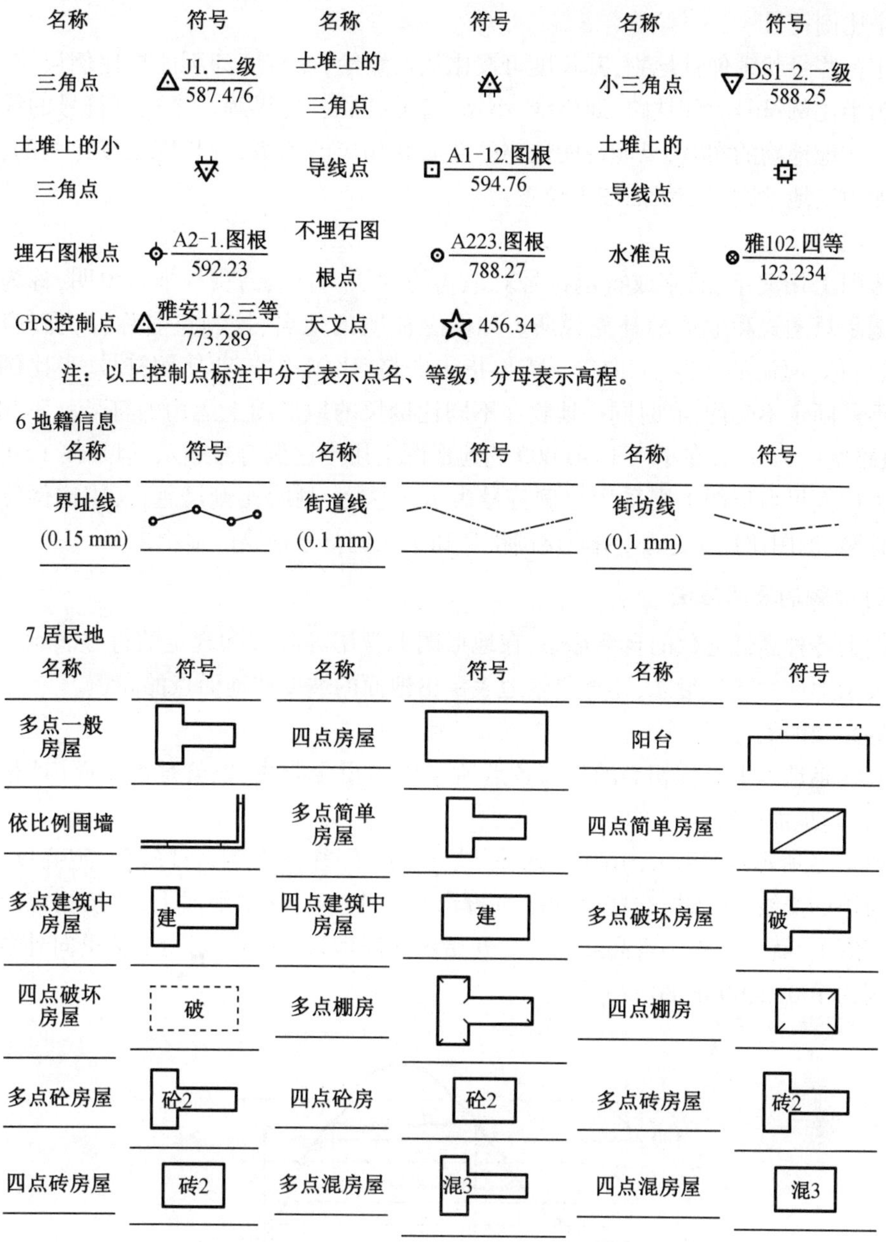

图 4-2(续)

地物符号可分为以下四种。

1. 比例符号

把地物的轮廓按测图比例尺缩绘于图上的相似图形，称为比例符号。如房屋、湖泊、水库、田地等。比例符号准确的表示出地物的形状、大小和所在位置。

2. 非比例符号

当地物轮廓很小，或因比例尺较小，按比例尺无法在地形图上表示出来的，则用统一规定的符号将其表示出来，这种符号称为非比例符号。如测量控制点、电杆、水井、树木、烟囱等。非比例符号不能准确表示出物体的形状和大小，只能表示地物的位置和属性。

3. 半比例符号

对于一些带状延伸性地物,其长度可按比例尺缩绘,而宽度却不能按比例尺缩绘,这种符号称为半比例符号。如铁路、通讯线、小路、管道、围墙、境界等。半比例符号的线形宽度并不代表实地地物的实宽,只能说明地物的性质和相应的等级,但长度是按比例的,其符号中心线即为实地地物中心线的图上位置。

4. 注记符号

地形图上用文字、数字或特定符号对地物的性质、名称、高程等加以说明,称为注记符号。注记是对图式和地形的补充说明。如图上注明的地名、控制点名称、高程、房屋的层数、机关名称、河流的深度、流向等。需要指出的是,比例符号、非比例符号、半比例符号的运用也不是固定不变的,有时同一地物在不同比例尺的地形图上运用的符号就不相同。例如:某道路宽度为 6 m,在小于 1:10 000 的地形图上用半比例符号表示,但是在 1:10 000 及其以上大比例尺地形图上则采用比例符号表示。总之,测图比例尺越大,用比例符号描绘的地物越多;测图比例尺越小,用非比例符号和半比例符号描绘的地物越多。

(三)地貌的表示方法

地面上各种高低起伏的自然形态,在地形图上常用等高线和规定的符号表示。等高线不仅能表示地面的起伏形态,还能科学地表示出地面的坡度和地面点的高程。

1. 等高线的概念

等高线是地面上高程相等的相邻各点所连成的闭合曲线,也就是水平面(严格来说应是水准面)与地面的交线。

如图 4-3 所示,假想一个山头被水淹没,不久水即往下降落,每降落一定高度,记录一下水面与山的交线,然后把这些交线垂直投影在一个共同的水平面上,并按相应的比例尺缩绘在图纸上,就可以得到等高线图。如开始水面高程为 100 m,则图上从里向外各等高线高程分别为 100 m、90 m、80 m……。

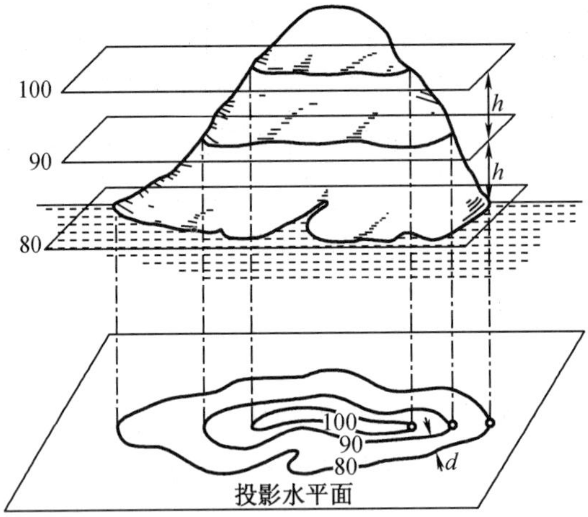

图 4-3　等高线

2. 等高距和等高线平距

地形图上相邻等高线之间的高差称为等高距,也叫做等高线间隔,用 h 表示。在同一幅地形图上,等高线的等高距相同。等高线的间隔越小,越能详细地表示地面的变化情况;等高线间隔越大,图上表示地面的情况越简略。但是,等高线间隔过小时,地形图上的等高线过于密集,将会影响图面的清晰,而且测绘工作量会增大,花费时间也越长。在测绘地形图时,应按照实际情况,根据测图比例尺的大小和测区的地势陡缓来选择合适的等高距,该等高距称为基本等高距。

表 4-2 为大比例尺地形图测量规范中关于等高距的规定。

表 4-2　地形图的基本等高距

比例尺 \ 等高距/m \ 地形类别	平地	丘陵	山地	高山地
1:500	0.5	0.5	1	2
1:1 000	0.5	1	2	5
1:2 000	1	1	2	5
1:5 000	1	2	2	5

等高线平距是相邻等高线之间的水平距离,称为等高线平距,一般用 d 表示。

地面坡度是等高距 h 与等高线平距 d 的比值,称为地面坡度,一般用 i 表示。

$$i=\text{tg}\ \alpha=\frac{h}{d} \tag{4-3}$$

坡度 i 一般以百分率表示,向上为正、向下为负,例如 $i=+5\%$,$i=-2\%$。因为同一幅地形图中等高距 h 相同,所以等高线平距 d 与地面坡度 i 成反比。地面坡度越陡,等高线平距越小;地面坡度越缓,等高线平距越大;地面坡度均匀,等高线平距相等。因此,根据地形图上等高线的疏、密,可以判定地面坡度的陡、缓。

3. 等高线分类

(1)首曲线

在同一幅地形图上,按规定的基本等高距描绘的等高线,称为首曲线,也称基本等高线,或叫细等高线。首曲线的高程是基本等高距的整倍数,用宽度为 0. 15 mm 的细实线描绘。如图 4-4 所示 98 m、100 m、102 m、104 m、106 m 等的等高线。

(2)计曲线

凡是高程能被 5 倍基本等高距整除的等高线,称为计曲线,也叫粗等高线。为了读图方便,计曲线用宽度为 0. 3 mm 的粗实线描绘,一般地形图只在计曲线上注记高程。如图 4-4 中 100 m 等高线。

(3)间曲线

当首曲线不足以显示局部地貌特征时,按二分之一基本等高距描绘的等高线,称为间曲线,又称半距等高线。间曲线用长虚线表示,描绘时可不闭合。如图 4-4 中 101 m、107 m 等高线。

(4)助曲线

当间曲线仍不足以显示局部地貌特征时,按四分之一基本等高距描绘的等高线,称为助曲线,又称辅助等高线。辅助等高线用短虚线表示,描绘时可不闭合。如图 4-4 中 107.5 m 等高线。

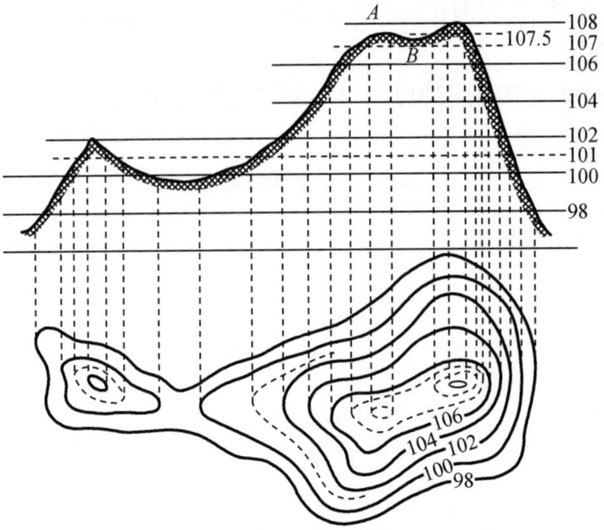

图 4-4 等高线的分类

4. 几种基本地貌及其等高线

自然地貌的形态是多种多样的,但可归结为几种典型地貌的综合,了解这些典型地貌等高线的特征,有助于识读、应用和测绘地形图。

(1) 山头和洼地

凸出而高于四周的地貌称为山头。山头的最高部位称为山顶或山峰,侧面为山坡,山坡与平地交界处称为山脚或山麓。

陷落而低于四周的低地称为洼地,很大的洼地称为盆地。

山头与洼地的等高线都是由一组闭合曲线组成的,形状比较相似。如图 4-5(a)、图 4-5(b)所示。

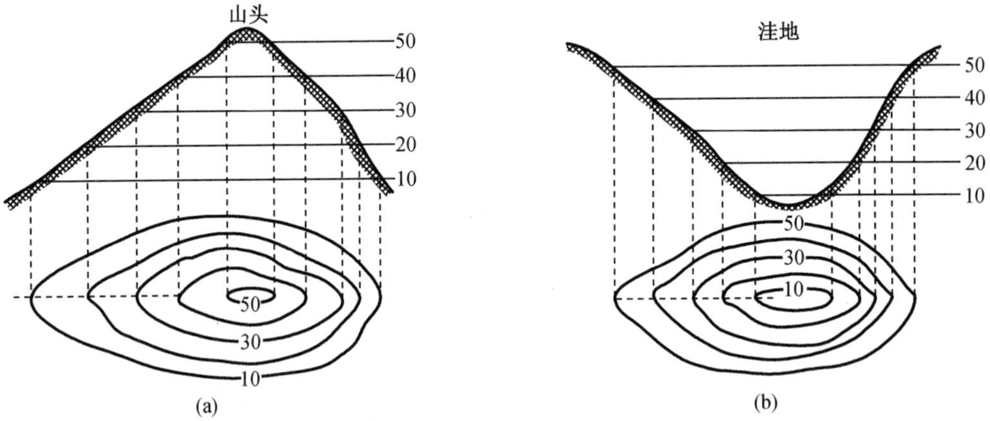

图 4-5 山头和洼地

区分山头和洼地等高线的方法有两种：

①以等高线上所注的高程区分内圈等高线较外圈等高线的高程高时，表示山头；内圈等高线较外圈等高线的高程低时，表示洼地。

②示坡线是在等高线上顺下坡方向所画的短线。示坡线与等高线近似垂直。如图 4-5 所示。山头等高线的示坡线在等高线的外侧；洼地等高线的示坡线在等高线的内侧。

(2)山脊和山谷

山顶向山脚延伸的凸起部分，称为山脊。山脊最高点间的连线称为山脊线。雨水以山脊为界流向两侧坡面，故山脊线又称为分水线。山脊及其等高线如图 4-6(a)所示，图中虚线为山脊线。山脊等高线的特点是凸出方向朝向下坡或者朝向低处。如图 4-6(a)所示。

山谷是沿着一个方向延伸下降的洼地。山谷中最低点连成的谷底线称为山谷线或集水线。如图 4-6(b)所示，图中的虚线为山谷线。山谷等高线的特点是凸出方向朝向上坡或者朝向高处。如图 4-6(b)所示。

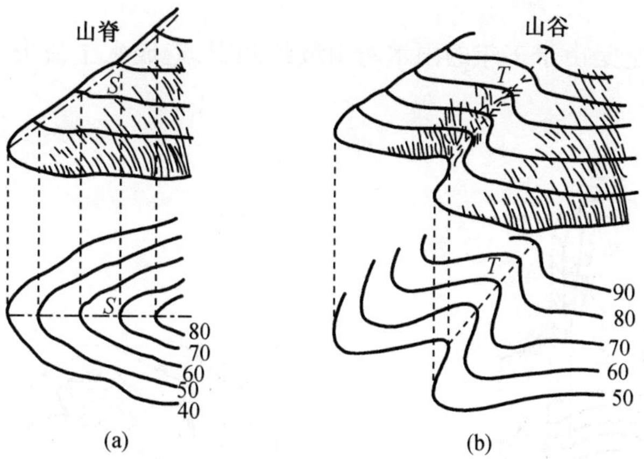

图 4-6　山脊和山谷

(3)鞍部

鞍部是相邻两个山顶之间呈现马鞍形状的部位。鞍部最低点称为垭口(也有把垭口处叫做鞍部的)。鞍部等高线的特点是在一圈大的闭合曲线内，套有两组小的闭合曲线。如图 4-7 所示。

(4)悬崖

悬崖是上部突出，中间凹进的山坡。悬崖等高线的特点是等高线相交，即上部的等高线投影在水平面上时，与下面的等高线相交。下部凹进的等高线用虚线表示。如图 4-8 所示。

(5)峭壁和台地

峭壁是陡峻的或近似垂直的山坡。峭壁也可称为陡崖。由于这种山势的等高线非常密集或者重叠，因此，在地形图上用特殊符号表示。如图 4-9 所示。山坡上平坦的地方称为台地。

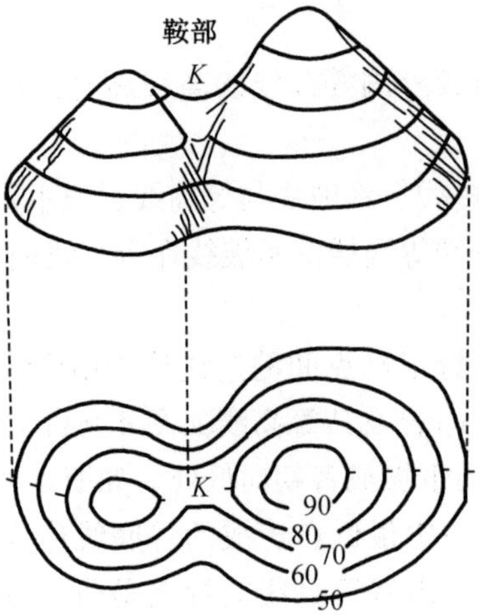

图 4-7 鞍部

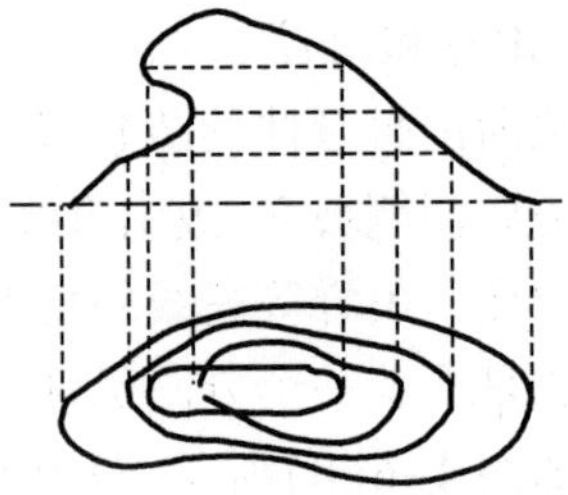
图 4-8 悬崖

(6)冲沟

冲沟又叫雨裂,它是由于多年的雨水对山坡的冲刷,造成水土流失而形成的深沟,如图 4-10 所示。

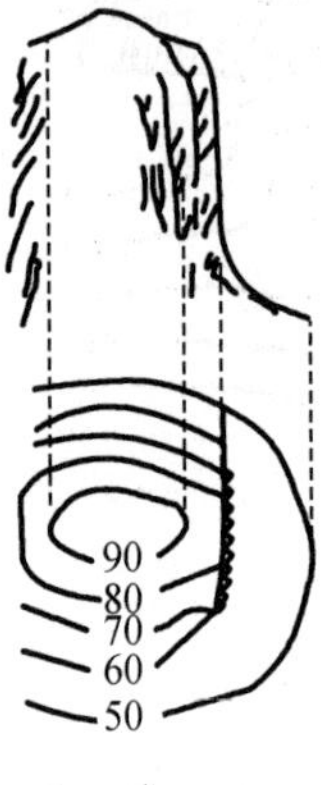

图 4-9 峭壁

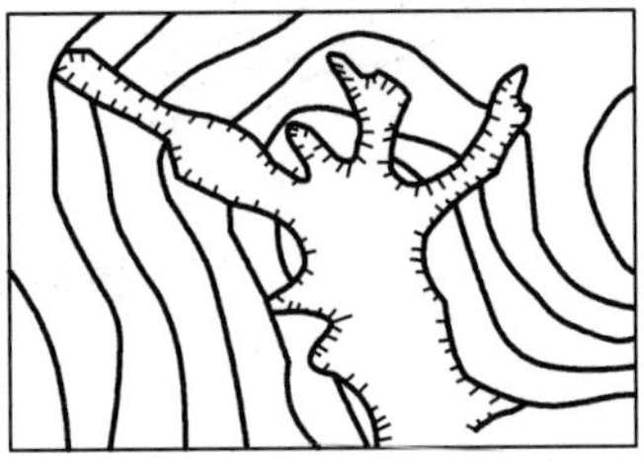
图 4-10 冲沟

(7)陡坎

凡坡度在 70°以上的天然或人工的坡坎称为陡坎。

(8)梯田

由人工修成的阶梯式农田称为梯田。梯田用陡坎符号配合等高线来表示。

图 4-11 是一些常见等高线的图示。

5. 等高线的性质

根据用等高线表示地貌的情况,可以归纳等高线的特性如下。

(1)位于同一条等高线上所有各点的高程相等;但高程相等的点不一定都在同一条等高线上。

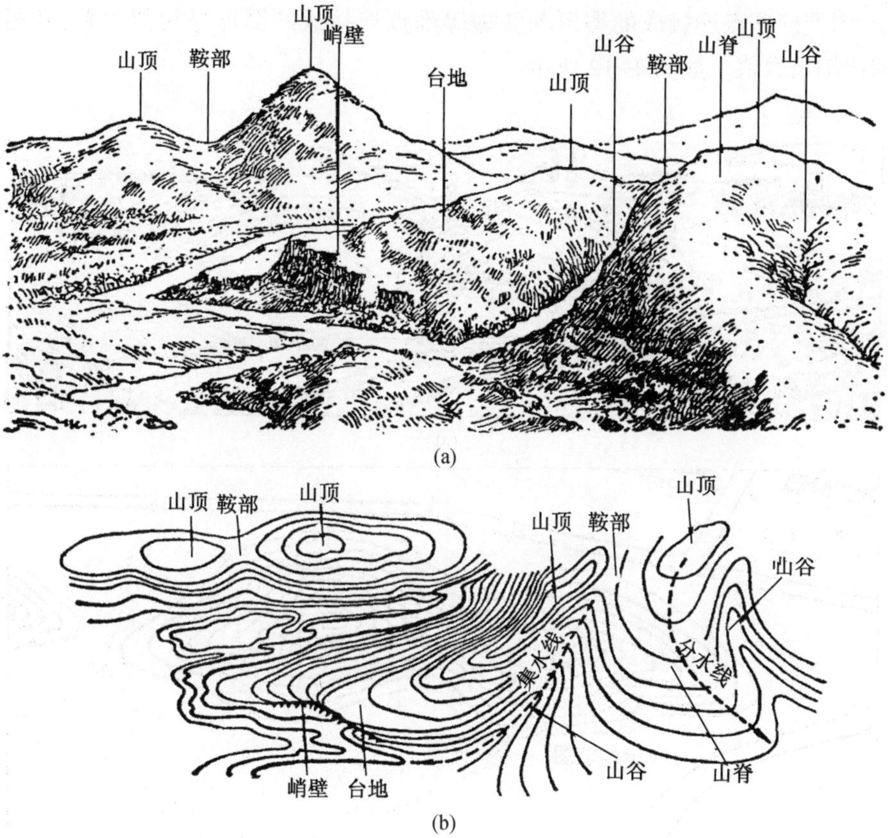

图 4-11　等高线

(2)等高线是连续闭合的曲线,如不能在本图幅内闭合,必定在相邻或其他图幅内闭合。等高线必须延伸至图幅边缘,不能在图内中断,但遇道路、房屋等地物符号和注记处可局部中断,而表示局部地貌而加绘的间曲线和助曲线,可以只在图内绘出一部分。

(3)等高线除悬崖外在图内不能相交,一条等高线不能分成两条,也不能两条合成一条,陡崖、陡坎等高线密集处均用符号表示。

(4)等高线间隔相同时,等高线密集表示地面坡度陡,等高线稀疏表示地面坡度缓,平距相等的等高线表示地面坡度均匀。

(5)山脊线与山谷线均与等高线垂直正交。等高线凸向高程降低的方向表示山脊,凸向高程升高的方向表示山谷。

(6)等高线间最短线段的方向,即垂直于等高线的线段方向,是两等高线间最大坡度的方向。

(四)地形图测绘原理

1. 测绘原理

地形图测绘是在已知控制点上设站,用测量仪器及工具测定控制点周围地形特征点的平面位置和高程,并按图式规定的符号将各种地物、地貌依比例缩小描绘成地形图的工作。地形图测绘分为测量和绘图两大部分。地形图测绘亦称碎部测量,即以图根点(控制点)为测站,测定出测站周围碎部点的平面位置和高程,并按比例缩绘于图纸上。由于按规定比例尺缩绘,图上碎部点连接成的图形与实地碎部点连接成的图形呈相似关系,其相似比值即地形图比例尺数值。如图 4-12 所示。

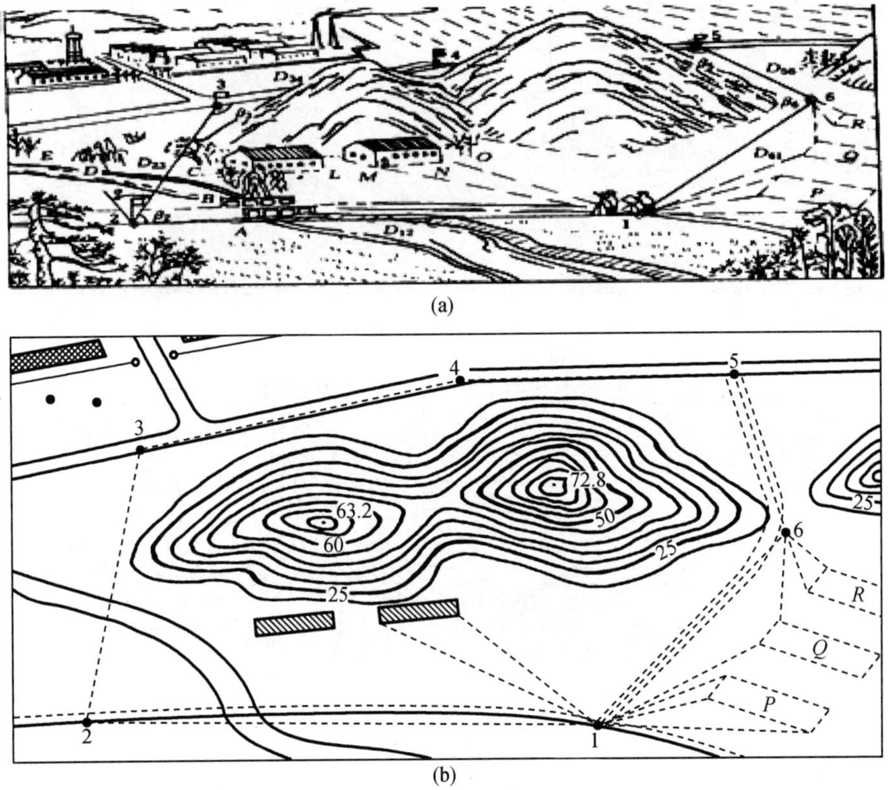

图 4-12　地形图测绘原理

2. 碎部点的概念

碎部点即碎部特征点,包括地物特征点和地貌特征点。地物特征点是能够代表地物平面位置,反映地物形状、性质的特殊点位,简称地物点。如地物轮廓线的转折、交叉和弯曲等变化处的点;地物的形象中心;路线中心的交叉点;电力线的走向中心;独立地物的中心点等。

地貌特征点是体现地貌形态,反映地貌性质的特殊点位,简称地貌点。如山顶、鞍部、变坡点、地性线、山脊点和山谷点等。

(五)采集碎部点

1. 传统测图碎部点采集

(1)采集平面位置

测定碎部点平面位置的基本方法有:极坐标法、角度交会法、距离交会法、直角坐标法。

①极坐标法

极坐标法是以测定碎部点与已知点间的水平距离以及与已知方向间组成的水平角来确定碎部点在地形图上的位置的测绘方法。如图 4-13 所示,A、B 为地面图根点,1 为碎部点。在 A 点安置仪器,在 1 点立尺,测出 A_1 方向与 AB 方向间的水平角 β_1 和 A 点到 1 点的

水平距离 D_1，并将 D_1 按比例尺换算为图上距离 d_1。在地形图上根据已知的 AB 方向和 β_1 定出 1 点所在方向，在此方向上量取 d_1，即可在地形图上定出碎部点 1 的位置。

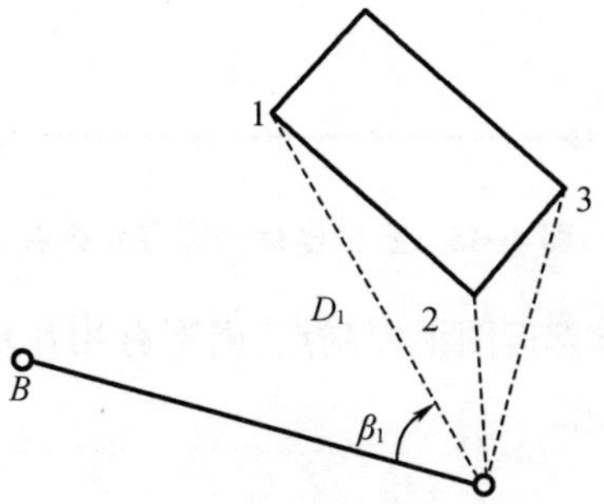

图 4-13　极坐标法测定碎部点

极坐标法适用于通视良好的开阔地区，可以测定较大范围内的碎部点。极坐标法测定的点都是独立的，不会产生碎部点之间的误差累积。当个别碎部点有错时，在描绘地物轮廓或等高线时就能及时发现，便于现场改正。

②角度交会法

角度交会法是分别在两个图根点安置仪器，测出导线边和碎部点的水平夹角，利用图解法得到的到碎部点位置的方法。如图 4-14 所示，A、B 为图根点，P 点为碎部点。分别测出 AP 与 AB 的水平夹角 β_1 以及 BP 与 BA 的水平夹角 β_2，根据 β_1、β_2 和已知方向线 AB（BA）可定出 AP 和 BP 方向线，AP 方向线和 BP 方向线的交点即为 P 点在地形图上的位置。角度交会法适用于碎部点距测站较远，或碎部点不便立尺和量距的情况。如测站点和碎部点之间有河流、水田等阻碍时。

③距离交会法

如图 4-14 所示，分别丈量碎部点 P 到图根点 A、B 的水平距离 AP、BP，按比例尺在地形图上用圆规即可交出碎部点 P 的位置，此法称为距离交会法。距离交会法适用于距离图根点较近的碎部点，距离不要超过一整尺。

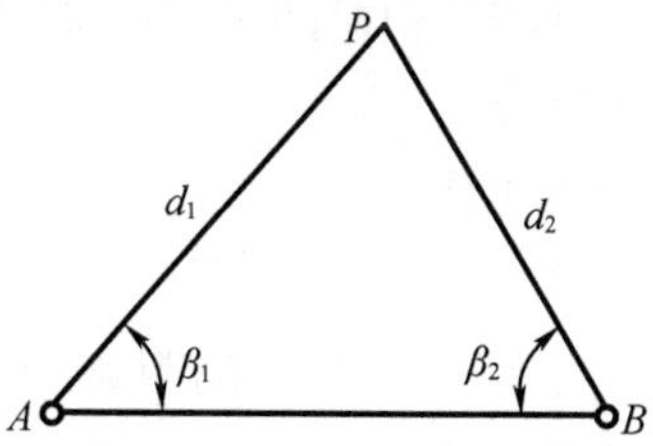

图 4-14　交会法测定碎部点

④直角坐标法

碎部点的平面位置可以用碎部点到导线的垂距和该垂足到导线点的距离确定。如图 4-15 所示，以图根点 A 为原点，以 AB 方向为 x 轴，量出碎部点 P 到 x 轴的垂距（y 值）和垂足点到 A 的距离（x 值），并按比例尺换算为图上距离，即可用小三角板确定 P 点在地形图上的位置。

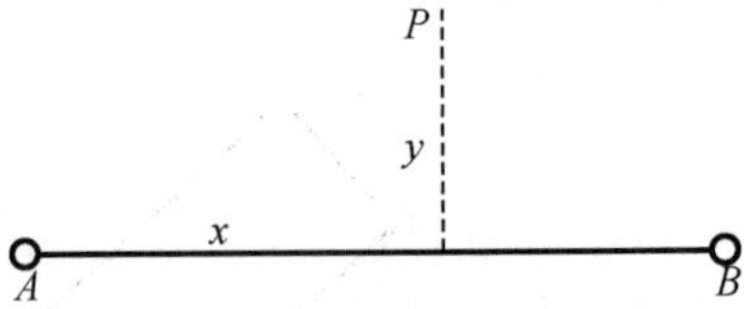

图 4-15 直角坐标法测定碎部点

直角坐标法适用于碎部点靠近图根控制点,周围有相互垂直的两方向且垂距较短的情况,垂直方向可用简单工具定出。

(2)碎部点高程的测量

测量碎部点高程可用三角高程测量的方法进行。

2. 数字化测图碎部点采集

随着电子计算机技术日新月异的发展及其在测绘领域的广泛应用,数字化测图是以计算机为核心,在连接输入输出设备硬件、软件的条件下,通过计算机对地形空间数据进行处理得到数字地图,需要时也可用数控绘图仪绘制所需的地形图或各种专题地图。目前,以现代测绘设备和计算机应用软件为主体的数字测图技术已广泛应用于各领域测绘生产,外业数字化测图以精度高,成图周期短,工作效率和经济效益高等特点,逐步取代了常规的图解法测图。

数字化测图又称为计算机成图,主要包括:地面数字化测图、地图数字化成图、航测数字测图、计算机地图制图。

大比例尺数字化测图就是将采集的各种有关的地物和地貌信息转化为数字形式,通过数据接口传输给计算机进行处理,得到内容丰富的电子地图,需要时由电子计算机的图形输出设备(如显示器、绘图仪)绘出地形图或各种专题地图。数字化测图的运行示意图数据采集点位信息特征信息数据传输、绘草图数据处理、地物模型、地貌模型、屏幕编辑、绘图文件存盘地图。

目前大比例尺数字化测图主要使用全站仪或 GPS 采集数据,计算机辅助制图的方法完成,整个工作分为三个阶段:即数据采集(控制测量和碎部测量);内业绘图处理(数据传输、图形绘制和编辑);图纸输出,外业检查。

(1)全站仪野外数据采集前准备工作

①图根加密

由于采用全站仪测距,测站点到地物、地形点的距离即使在 500 m 以内也能保证测量精度,故对图根点的密度要求已不很严格,视测区的地形情况而定. 一般以在 500 m 以内能测到碎部点为原则。通视条件好的地方,图根点可稀疏些;地物密集、通视困难的地方,图根点可密些(相对白纸测图时的密度)。等级控制点尽量选在制高点。控制测量主要使用导线测量,观测结果(方向值、竖角、距离、仪器高、目标高、点号等)自动或手工输入电子手簿,或电子计算机,并且结算出控制点坐标与高程。对于图根控制点,还可采用辐射法和一步测量法。辐射法就是在某一通视良好的等级控制上,用坐标法测量方法,按全圆方向观测方式一次测定几个图根点。这种方法无须平差计算,直接测出坐标。为了保证图根点精度,一般要进行两次观测。一步测量法就是将图根导线与碎部测量同时作业,即在一个测站上,先测导线的数据,接着就测碎部点,这是一种少安置一轮仪器、少跑一轮路,大大提高外业工作效率的测量方法。

②碎部测量前准备

控制测量取得合格成果后,即可进行下面的碎部点的采集。但在出测前必须做好准备工作。

a. 仪器准备。实施数字测图前,应准备好仪器、器材。主要包括:全站仪、对讲机、电子手簿或便携机、备用电池、通讯电缆(若使用全站仪的内存或内插式记录卡,不用电缆)、花杆、反光棱镜、皮尺或钢尺等. 全站仪、对讲机应提前充电。

b. 成果、资料准备。目前,大多数数字测图系统在进行数据采集时,要求绘制较详细的草图. 绘制草图一般在专门准备的工作底图上进行。工作底图最好用旧地形图、平面图的晒蓝图或复印件制作,也可用航片放大影像图制作。为了便于多个作业组作业,在野外采集数据之前,通常要对测区进行"作业区" 划分。一般以沟渠、道路等明显线状地物将测区划分为若干个作业区,对于地籍测量来说,一般以街坊为单位划分作业区。分区的原则是各区之间的数据(地物)尽可能地独立。

c. 为切实保证野外作业的顺利进行,出测前必须对作业组成员进行合理分工,根据各成果的业务水平、特点,选好观测员,绘草图领尺(镜)员,跑尺(镜)员等。合理的分工组织,可大大提高野外作业效率。

(2)全站仪野外数据采集

①置仪:在控制点上安置全站仪,检查中心连接螺旋是否旋紧,对中、整平、量取仪器高、开机。

②创建文件:在全站仪中创建一个文件 JOB1,用来保存测量数据。

③建站:输入一个文件名 JOB1,按提示输入测站点点号及固定坐标、仪高,后视点点号及、坐标、镜高,仪器瞄准后视点,进行定向检测。

④测量碎部点坐标:仪器定向后,即可进入"测量"状态,输入所测碎部点点号、镜高后,精确瞄准竖立在碎部点上的反光镜,按"回车"键,仪器即测量出棱镜点的坐标,并将测量结果保存到前面输入的坐标文件中,同时将碎部点点号自动加 1 返回测量状态。再输入镜高,瞄准第 2 个碎部点上的反光镜,按"回车"键,仪器又测量出第 2 个棱镜点的坐标,并将测量结果保存到前面的坐标文件中。按此方法,可以测量并保存其后所测碎部点的三维坐标。

(3)内业数据传输

将保存的数据文件转换为成图软件(如 CASS)格式的坐标文件格式。执行下拉菜单"数据/读全站仪数据"命令,在"全站仪内存数据转换"对话框中的"全站仪内存文件"文本框中,输入需要转换的数据文件名和路径,在"CASS 坐标文件"文本框中输入转换后保存的数据文件名和路径。这两个数据文件名和路径均可以单击"选择文件",在弹出的标准文件对话框中输入。单击"转换",即完成数据文件格式转换。

(4)内业成图

在外业作业数据采集的基础上,内业将利用外业草图,采用南方 CASS 7.0 软件进行成图。内业成图具体过程将在下一任务中介绍。

(5)其他注意事项

①测图单元的划分,尽量以自然分界为界,如河流、道路等等以便于地形图的施测,也减少了接边的问题。

②能够测量到的点尽量实测,尽量避免用钢尺量取。因为用全站仪所测量的速度远非皮尺量取所能比的,而且精度也会高些。

③实地数据采集时,配合要默契,不在测站可视范围,则通过使用对讲机来传递信息,跑棱镜的人要将自己所要采集的地形地物数据点信息及时报告给测站人员,以确保数据记录的真实性。

④由于数字测图很多工作是在计算机上完成的,所以如何加强检核是每个单位所必须解决的。特别是在测区远离内业地点时,必须有一定的措施。

⑤尽量在测站的可视氛围进行数据采集,在通视不良的地方或者需要通过举高支杆来观测的时候,则引点到附近设站进行采集数据,避免由于支杆偏离地形地物点位而带来的人为误差。

三、任务实施

(一)准备工作

(1)领取仪器:全站仪1台、棱镜2套、记录板1块。

(2)布置控制网:在实验场地布置控制网。

(3)测量控制网:按平面及高程控制方法测出控制网的平面坐标及高程。

(二)任务实施

(1)创建文件:在全站仪MENU中,选择“数据采集”进入“选择文件”,输入一个文件名后确定,即完成文件创建工作,碎部点数据即储存在此文件中。

(2)在控制网的1点安置全站仪,以相邻控制点为后视建站。用全站仪坐标模式测量1点所能看到的所有碎部点坐标。数据手工记录一份,全站仪保存一份。

(3)把仪器安置到2点建站,用坐标模式测量2点所能看到的碎部点坐标;依次类推,测量所有控制点所能看到的碎部点坐标。

四、任务工作单(表4-3)

表4-3　任务工作单

学习情境:大比例尺地形图测绘	班级		日期	
	姓名			
工作任务:测图数据采集	学号		评分	

1. 任务内容

(1)比例尺、地物、地貌相关概念。

(2)测绘地形图外业的基本步骤。

(3)数字化测绘成图的外业步骤。

表(续)

2. 基本知识

(1)比例尺和比例尺精度。

(2)地物、地貌表示方法;指出下图中各数字对应的地形地貌。

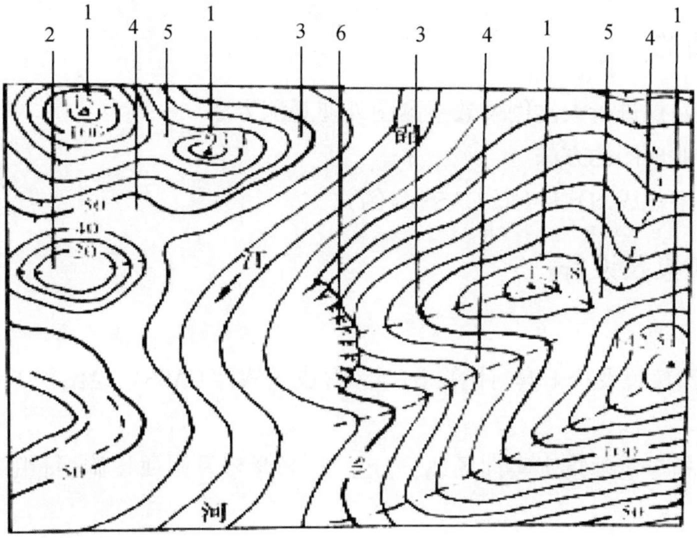

(3)地形图测绘外业工作内容。

(4)数字化成图外业步骤。

3. 任务实施

(1)在老师的指导下观测场地的碎部点,利用情景三中闭合导线控制点的平面坐标、情景二中四等水准网的水准点高程来测绘这些碎部点。

(2)按测量方案完成碎部点的测量及相关数据的计算,并手绘一张地形图。

(3)测量工作完成后,还应按一定的检校方法对测量结果进行检查,确保测量结果的正确性及精度。养成检校的习惯,组与组之间要多交流,共同探讨,获取处理及测量结果的整理方法。

(4)完成本任务的测量数据的处理及地图的整理。

4. 任务小结

通过此工作任务的实施,各小组集中完成下述工作。

(1)你认为本次教学是否达到预期目的,还有什么意见和建议?

(2)什么是比例尺和比例尺精度?

(3)地物的表示方法有哪些?

(4)典型地貌的等高线是什么样的,如何区别?

(5)传统测绘的外业工作步骤?

(6)数字化测图的外业工作有哪些

实操一　全站仪大比例尺数字测图

一、实训目的

(1)掌握全站仪进行大比例尺数字测图外业观测方法。

(2)掌握内业成图的方法。

(3)熟悉数字化成图软件(以 CASS 为例)。

二、实训工具及设备

(1)仪器和工具

全站仪 1 套、棱镜及杆 1 套、计算机 1 台(含成图软件 CASS)、绘图仪 1 台、记录板 1 块、测伞 1 把。

(2)场地由指导老师指定实训场地,选定一栋教学楼及附属设施,每组掌握地物地貌点的采集技巧。

三、实训注意事项

(1)测站设置好后,应先测一个已知点检核,以确保测站设置无误。

(2)碎部点记录的点号一般从 1 号开始,以后自动累加。

四、实训内容

(一)原理

外业使用全站仪测量碎部点三维坐标的同时,绘图员绘制碎部点构成的地物形状和类型草图,并记录下碎部点点号(必须与全站仪自动记录的点号一致)。内业将全站仪记录的碎部点三维坐标,通过 CASS 传输到计算机,转换成 CASS 坐标格式文件并展点,根据野外绘制的草图在 CASS 中绘制地物。

(二)数据采集准备工作:

1. 全站仪野外数据采集(以 Topcon 为例)

(1)安置仪器

在控制点上安置全站仪,检查中心连接螺旋是否旋紧,对中、整平、量取仪器高、开机。

(2)创建文件

在全站仪 MENU 中,选择“数据采集”进入“选择文件”,输入一个文件名后确定,即完成文件创建工作,如图 4-16 所示。

选择文件			
FN:＿＿＿＿＿			
输入	调用	---	回车

数据采集	1/2
F1:测站点输入	
F2:后视	
F3:前视/侧视	P↓

图 4-16　文件创建

(3)输入后视点(定向点)数据:

如图所示,按提示输入测站点点号及标识符(可以省略)、坐标。点击 IF4_],进入下一页. 输入仪高、镜高。再点击[F2]. 输入后视点点号及标识符(可以省略)、坐标(N/E/Z)及角度(A/Z),仪器瞄准后视点,进行定向。若坐标值在之前已经输入,则可直接调用测站点和后视点的坐标。

(4)测量碎部点坐标:仪器定向后,点击 IF4_],选择“前视/侧视”项,进入碎部点采集状态。输入所测碎部点点号、编码(可省略)、镜高后,精确瞄准竖立在碎部点上的棱镜,按“坐标”键,仪器即测量出棱镜点的坐标,将测量结果保存到前面输入的坐标文件中,同时碎部点点号自动加 1 返回测量状态。瞄准第 2 个碎部点上的棱镜,按[同前]键,仪器又测量出第 2 个棱镜点的坐标。按此方法,测量并保存其后所测碎部点的三维坐标。

2. 数据传输

(1)完成外业数据采集后,使用通讯电缆将全站仪与计算机的 COM 口连接好. 启动通信软件,设置好与全站仪一致的通讯参数后,执行下拉菜单“通讯/下传数据”命令;

(2)在全站仪上的内存管理菜单中,选择“数据传输”选项,并根据提示顺序选择“发送数据”“坐标数据”和选择文件,然后在全站仪上选确认发送。

(3)在通信软件上的提示对话框单击“确定”,即可将采集到的碎部点坐标数据发送到通信软件的文本区,再将数据格式转换成 CAsS 软件识别的格式. 即“点号,X,Y,Z”形式。

(4)利用数字化成图软件 CASS 也可完成测量数据的传输工作。点击“数据/读取全站仪坐标”,系统弹出“全站仪内存数据转换”话框,如图 4-17 所示。选择相应的参数,并命名坐标文件,完成数据传输,数据格式自动完成转换。

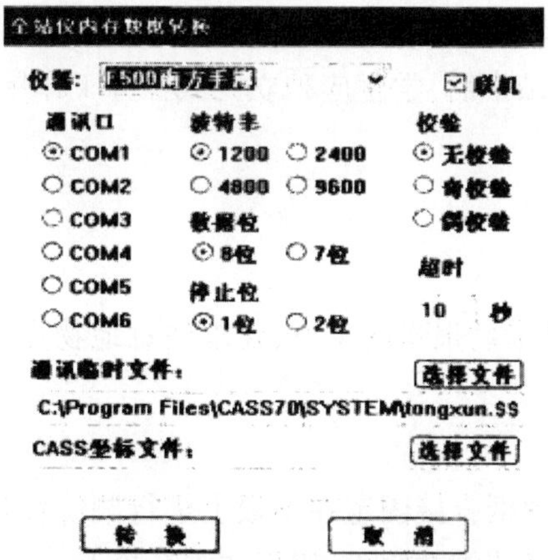

图 4-17　测量数据传输

3. 内业展点、成图

在 CASS 软件中，点击下拉菜单“绘图处理/展野外测点点位”，即在绘图区得到展绘好的碎部点点位，如图所示。结合野外绘制的草图绘制地物；再执行下拉菜单“绘图处理/展高程点”。经过对所测地形图进行屏幕显示，在人机交互方式下进行绘图处理、图形编辑、修改、整饰. 最后形成标准的、满足地图输出的数字地图的图形文件。通过绘图仪完成转换，再经过编辑、修改、整饰. 最后形成标准的、满足地图输出的数字地图的图形文件，通过绘图仪完成地形图打印输出。

五、实训教学考核评定

本次实习以具体操作为主，每组测 30 个碎部点。

工作任务二　地形图成图

一、任务概述

（一）应知应会

通过本工作任务的学习与具体实施，学生应学会下列知识：

（1）手绘地形图的方法和步骤。

（2）cass 绘地形图的方法和步骤。

通过本工作任务的学习与具体实施，学生应掌握下列技能。

（1）手绘地形图的方法。

（2）CASS 软件绘制地形图的方法。

（二）学习要求

（1）学生在上课前，应到本课程的网站中预习本工作任务的相关内容。

（2）本课程采用理实一体化的模式组织教学，学生在学习过程中，要注重理论与实践的结合，提高自己的动手能力。

（3）每个工作任务学习结束后，学生应独立完成任务工作单的填写。

二、相关知识

（一）手绘地形图

地形图的绘制是一项技术性很强的工作，要求注意地物点、地貌点的取舍和概括，并应具有灵活的绘图运笔技能。

1. 准备图纸

对于临时性测图，可将图纸直接固定在图板上进行测绘；对于需要长期保存的地形图，为了减少图纸变形，应将图纸裱糊在锌板、铝板或胶合板上。

目前，各测绘部门大多采用聚酯薄膜，其厚度为 0.07~0.10 mm，表面经打毛后，便可代替图纸用来测图。

2. 绘制坐标格网

为了准确地将图根控制点展绘在图纸上，首先要在图纸上精确地绘制 10 cm×10 cm 的直角坐标格网。绘制坐标格网可用坐标仪或坐标格网尺等专用仪器工具。

3. 展绘控制点(图 4-18)

展点前，要按图的分幅位置，将坐标格网线的坐标值注在相应格网边线的外侧。展点时，先要根据控制点的坐标，确定所在的方格。将图幅内所有控制点展绘在图纸上，并在点的右侧以分数形式注明点号及高程。最后用比例尺量出各相邻控制点之间的距离，与相应的实地距离比较，其差值不应超过图上 0.3 mm。

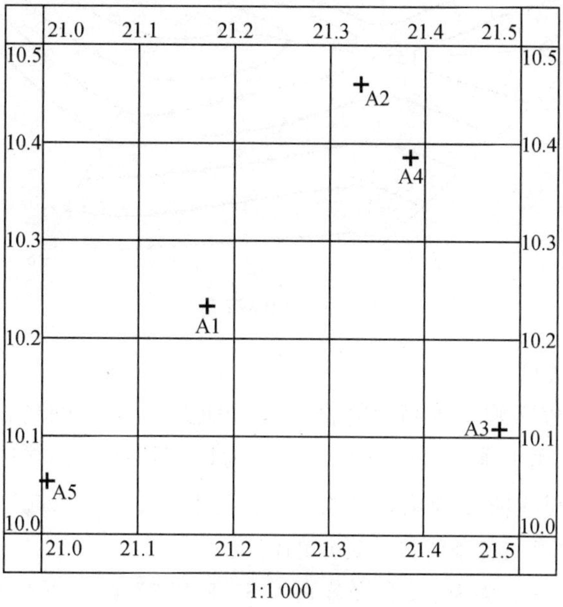

图 4-18　展绘控制点

4. 展绘碎部点

(1)地物的描绘

地形图上所绘地物不是对相应地面情况的简单缩绘，而是经过取舍与概括后的测定与绘图。图上的线划应密度适当，否则会造成用图的困难。规范中规定图上凹凸小于 0.4 mm 的地物可以不表示其凹凸形状。

为突出地物基本特征和典型特征，化简某些次要碎部而进行的制图概括，称为地物概括。如在建筑物密集而且街道凌乱窄小的居民小区，为突出居民区所占位置及整个轮廓，清楚地表示贯穿居民区的主要街道，可以采取保持居民区四周建筑物平面位置正确，将凌乱的建筑物合并成几块建筑群，并用加宽表示的道路隔开的方法。

地物形状各异，大小不一，勾绘时可采用不同的方法：对于用比例符号表示的规则地物，应随测随绘，即把相邻点连接起来，画出地物的形状；对于水井、地下管道检修井等用非比例符号表示的地物，可在图上先绘出其中心位置，在整饰图面时再用规定的符号准确地描绘出来；对于管线等用半比例符号表示的地物，可沿点连线，近似成形。

(2)地貌的勾绘

①连接地性线

参照实际地貌，将有关的地貌特征点连接起来，在图上绘出地性线，用实线表示山脊线，虚线表示山谷线。如图4-19所示。

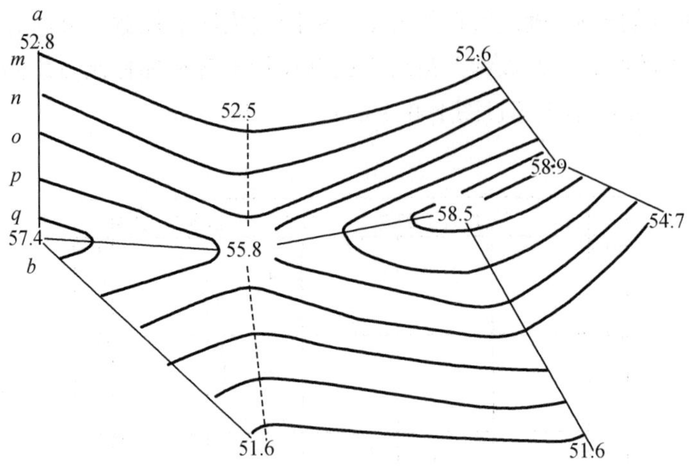

图4-19　勾绘等高线

②内插等高线通过点

由于等高线的高程必须是等高距的整倍数，而地貌特征点的高程一般不是整数，因此要勾绘等高线，首先要找出等高线的通过点。因为地貌特征点必须选在地面坡度变化处，所以相邻两特征点之间的坡度可认为是均匀的。这样，可在两点之间，按平距与高差成正比例的关系，内插出两点间各条等高线通过的位置。

以图4-19中 a、b 两点为例，其高程分别为52.8和57.4，设等高距为1 m，则在 a、b 两点间必然有高程为53、54、55、56、57 m的五条等高线，现在要确定它们通过 ab 线的位置。

内插时，先计算出等高距为1m时的相应图上的平距为

$$d=\frac{ab}{57.4-52.8}=\frac{ab}{4.6}$$

式中，ab 为地面 AB 两点在图纸上平距，可用比例尺量得。

现在，53 m等高线比 a 点高0.2 m，57 m等高线比 b 点低0.4 m，则53 m等高线与 a 点的平距 a m和57 m等高线与 b 点的平距 qb 各为

$$am=0.2\times\frac{ab}{4.6}=0.044ab$$

$$qb=0.4\times\frac{ab}{4.6}=0.087ab$$

其他如53、54、55、56、57整米等高线间的平距为

$$mn=no=op=pq=d=0.22ab$$

同法求其他相邻两地貌特征点间等高线应通过的位置。计算内插等高线的位置，虽然

比较准确,但操作烦琐。实际工作中,内插等高线通过点均采用图解法或目估法。

如图 4-20 所示,图解法是把绘有若干条等间距平行线的透明纸蒙在待内插的两点 a、b 上,转动透明纸,使 a、b 两点间通过平行线的条数与内插等高线的条数相同,且 a、b 两点分别位于两点高程值不足等高距部分的分间距处,则各平行线与 ab 的交点就是所求点。目估法是先按比例关系估计出 1 m 等高距的平距,然后估计出 53 m 与 57 m 等高线在图纸上的位置,见图 4-20 中第二条和第六条水平线,然后四等分求得 54、55、56 m 等高线的位置。

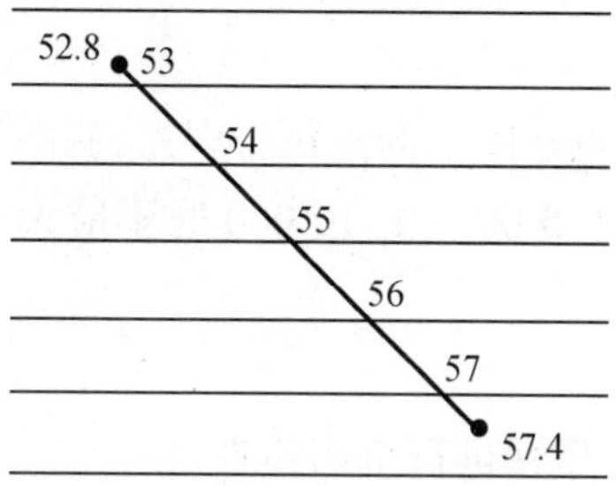

图 4-20　图解法内插等高线

③勾绘等高线

把高程相同的点用圆顺的曲线连接起来,就勾绘出反映地貌形态的等高线。勾绘等高线时要对照实地进行,要运用概括原则,对于山坡上的小起伏或变化,要按等高线总体走向进行制图综合。特别要注意,描绘等高线时要均匀圆滑,不要有死角或出刺现象。描绘等高线时,应边描绘等高线边擦去地性线,等高线描绘完毕时,地性线亦已全部擦去,即得等高线图。如果在平坦地区测图,则很大范围内绘不出一条等高线。为表示地面起伏,就需要用高程碎部点表示。高程碎部点位置应均匀分布在平坦地区,各高程碎部点在图上间隔以 2~3 cm 为宜。平坦地区有地物时则以地物点高程为高程碎部点,无地物时则应单独测定高程碎部点。

5. 地形图的拼接、检查和整饰

(1)地形图的拼接

当测区面积较大时,地形图必须分为若干图幅施测。由于测量和绘图误差,致使相邻图幅连接处的地物轮廓线与等高线不能完全吻合。为保证相邻图幅的相互拼接,每幅图四边均应测出图廓外 5 mm,如遇居民地或建筑物时,应尽量测至地物的转折处,管线等线状物,应测出其延伸方向。

为保证相邻图幅的拼接,在建立图根控制时,应在图边附近布设一定数量的图根点,并使之能成为相邻图幅的公共测站点。因为图根点靠近图边可以保证图边测图的精度,而有公共测站施测,有利于接边工作。地形图的拼接是在宽 5~6 cm 的透明纸条上进行的。先把透明纸蒙在本幅图的接图边上,用铅笔把图廓线、坐标格网线、地物、等高线透绘在透明纸上,然后将透明纸蒙在相邻图幅上,使图廓线和网格线拼齐后,即可检查接图边两侧的地物及等高线的偏差。相邻两图幅的地物及等高线偏差不超过规范规定的地物点点位中误差、等高线高程中误差的 $2\sqrt{2}$ 倍时,则先在透明纸上按平距位置进行修正,而后照此图修正原图。若偏差超过规定限差,则应分析原因,到实地检查改正错误。《工程测量规范》规定地物点相对于邻近图根点的点位中误差和等高线相对于邻近图根点的高程中误差见表 4-4。

表 4-4　图上地物点的点位中误差和等高线插求点的高程中误差

图上地物点的点位中误差/mm		等高线插求点的高程中误差/m			
一般地区	城镇居住区、工矿区	平坦地	丘陵地	山地	高山地
0.8	0.6	$d/3$	$d/2$	$2d/3$	d

注：d 为等高距(m)。

《工程测量规范》规定地物点在图上的点位中误差：测图比例尺为 1:500～1:2 000 时不应大于 1.6 mm；测图比例尺为 1:5 000～1:10 000 时不应大于 0.8 mm，等高线高程中误差与表 4-4 也有所不同。

2. 地形图的检查

地形图测完后，必须对成图质量进行全面检查。

(1)室内检查

室内检查首先全面检查地形控制测量资料，包括手簿中的记载是否齐全、清楚和正确，各限差是否符合规范和设计要求，核对展点所抄录的图根点坐标和高程是否与原始成果表中一致；其次检查坐标格网绘制与坐标展点是否符合精度要求，查看图上图根点数是否满足测图的技术要求；最后查看地物、地貌是否清晰易读，各种符号、注记是否正确，地物的综合取舍是否合理，等高线与地形点的高程是否有矛盾和可疑之处，图边是否接合等。对发现的错误和疑点加以记载，并以此为依据决定野外巡视检查的路线。

(2)野外检查

①巡视检查

野外巡视检查是根据室内检查的疑点，将图带到测区按预定的路线逐幅对照察看，检查地物、地貌有无遗漏和主要错误，取舍是否恰当，地物描绘是否与实地一致，等高线勾绘是否正确，各种符号、注记是否运用正确等。除等高线形状与地貌略有出入或个别小的差异，可以立即修改外，重大错误需经仪器检查后进行修改。

②仪器检查

仪器检查是在室内检查和巡视检查的基础上进行的，对检查中发现的错误和遗漏进行实测更正，对发现的疑点也要进行仪器检查。另外还要进行抽查。仪器检查一般采用散点法，即在测站上安置仪器，选择一些地物点和地貌点立尺，测定其平面位置和高程，若各误差不超过表 4-4 规定的中误差的 $2\sqrt{2}$ 倍，视为符合要求，否则要予以更正。设站抽查量一般不少于 10%。

3. 地形图的整饰

地形图整饰就是将野外测绘的铅笔原图，按原来线划符号位置以图式规定的符号要求用铅笔加以修整，使图面更加合理、清晰、美观。为此，需按先图内后图外、先地物后地貌、先注记后符号的顺序进行修饰。地形图整饰的内容如下。

(1)擦掉多余的、不必要的线、点、符号和数字。

(2)重绘内图廓线、坐标格网线并注记坐标。

(3)所有地物、地貌应按图示规定的线划、符号、注记进行清绘。

(4)各种文字注记应注在适当的位置,文字注记除等高线高程注记字头朝向高处及道路、河流名称注记应按朝向变化方向外,其他所有注记一律字头朝北。

(5)等高线应描绘光滑圆顺,计曲线高程注记应成列。

(6)按图式的要求书写图名、图号,绘制接图表和比例尺,注记坐标系、高程系、测绘单位和测绘者、测绘年月和成图方法等。

(二)数字化绘图

南方地形地籍成图软件CASS是南方测绘仪器公司基于AutoCAD平台开发的GIS前端数据采集系统,广泛应用于地形成图、地籍成图、工程测量应用领域。它面向GIS,彻底打通了数字化成图系统与GIS的接口。使用骨架线实时编辑、简码用户化、GIS无缝接口等先进技术。

CASS7.0版本相对于以前各版本除了平台、基本绘图功能上做了进一步升级之外,针对土地详查、土地勘测定界的需要开发了很多专业实用的工具。

CASS7.0的技术特色主要有以下几个方面。

- 采用CELL技术的人机交互界面,数据编辑管理、系统设置更方便快捷。
- 方便灵活的电子平板多测尺功能,更符合测量习惯。
- 完全可视化的断面设计功能,图数互动,设计过程更直观。
- 方便的图幅管理功能,地形图分幅管理更规范。
- 方便质量全程控制,与主流GIS无缝接口。

1. cass软件的启动及主界面

(1)启动方式

双击桌面上的图标“南方CASS7.0成图系统”或单击“开始”按钮,选择“CASS成图系统”组中的软件项“南方CASS7.0成图系统”,即可启动。

(2)主界面介绍

软件启动后,弹出主界面图,CASS7.0系统主要包含以下主要元素。

①顶部下拉菜单。它包含十三个下拉菜单,分别是:文件、工具、编辑、显示、数据、绘图处理、地籍、土地利用、等高线、地物编辑、检查入库、工程应用、图纸管理。

②右侧屏幕菜单。这是一个测绘专用交互绘图菜单,提供了坐标定位、测点点号、电子平板、数字化仪等测图定点方式,进入该菜单的编辑功能时,必须在四种定点方式中选定一种,右侧菜单就切换成相应定点方式的下一页,若想返还,可把光标移动到最顶部条目,使它变为醒目后单击,即可返还。

③工具条。启动CASS7.0后,可以看到在屏幕的上部和左侧各有一个工具条。其中上部工具条(标准工具栏)是AutoCAD本身就有的。屏幕左侧工具条(CASS实用工具栏)则是CASS所特有的。

同学们在课后熟悉各种菜单命令的使用。

2. cass7.0绘图方法与步骤

用CASS7.0成图的作业模式有许多种,这里主要使用的是“点号定位”方式。我们可以打开这幅例图看一下，路径为 C:\cass70\demo\study. dwg（以安装在 C 盘为例）。初学者可一步一步跟着做。如图 4-21 所示。

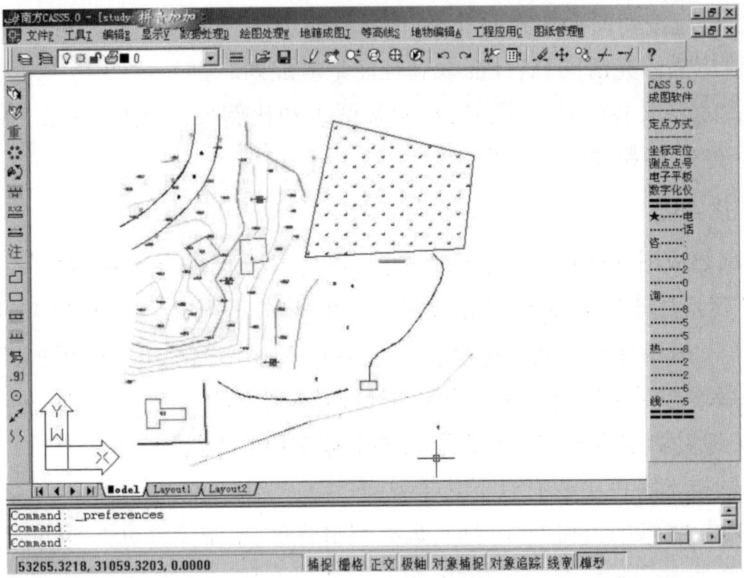

图 4-21　study. dwg

（1）定显示区

进入 CASS7. 0 后移动鼠标至“绘图处理”项，按左键，即出现如图 4-22 下拉菜单。然后移至“定显示区”项，使之以高亮显示，按左键，即出现一个对话窗如图 4-23 所示。这时，需要输入坐标数据文件名。可参考 WINDOWS 选择打开文件的方法操作，也可直接通过键盘输入，在“文件名(N)”：（即光标闪烁处）输入 C:\CASS70\DEMO\STUDY. DAT，再移动鼠标至“打开(O)”处，按左键。这时，命令区显示：

最小坐标(m)：$X=31\ 056.221$，$Y=53\ 097.691$

最大坐标(m)：$X=31\ 237.455$，$Y=53\ 286.090$

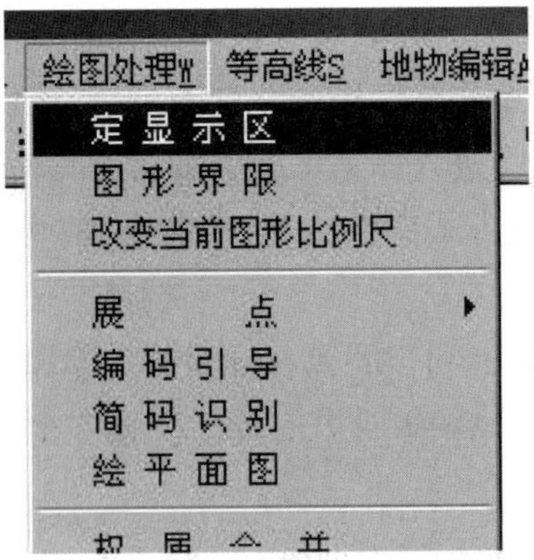

图 4-22　“定显示区”菜单

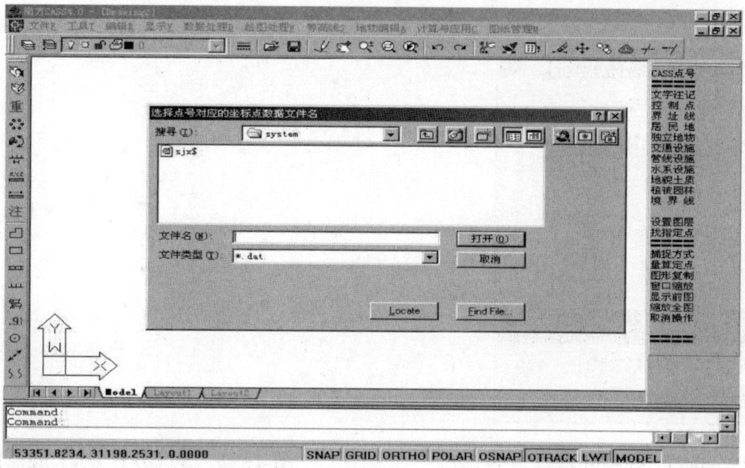

图 4-23　执行“定显示区”操作的对话框

2. 选择测点点号定位成图法

移动鼠标至屏幕右侧菜单区之“测点点号”项，按左键，即出现图 4-24 所示的对话框。输入点号坐标数据文件名 C：\CASS70\DEMO\STUDY. DAT 后，命令区提示：

读点完成！　共读入 106 个点

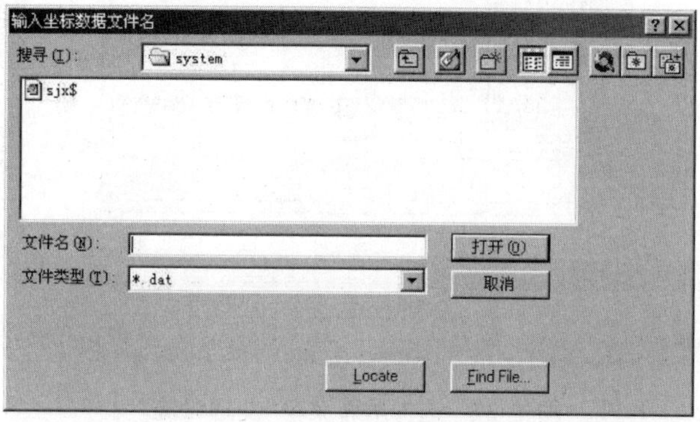

图 4-24　选择测点点号定位成图法的对话框

3. 展点

先移动鼠标至屏幕的顶部菜单“绘图处理”项按左键，这时系统弹出一个下拉菜单。再移动鼠标选择“绘图处理”下的“展野外测点点号”项，便出现如图 4-25 所示的对话框。

输入对应的坐标数据文件名 C：\CASS70\DEMO\STUDY. DAT 后，便可在屏幕上展出野外测点的点号，如图 4-26 所示。

4. 绘平面图

下面可以灵活使用工具栏中的缩放工具进行局部放大以方便编图。先把左上角放大，选择右侧屏幕菜单的“交通设施”按钮，弹出如下图的界面。图 4-27 所示。

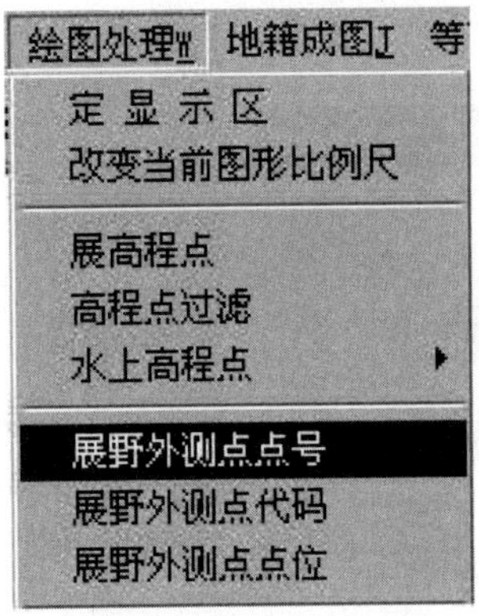

图 4-25 选择“展野外测点点号”

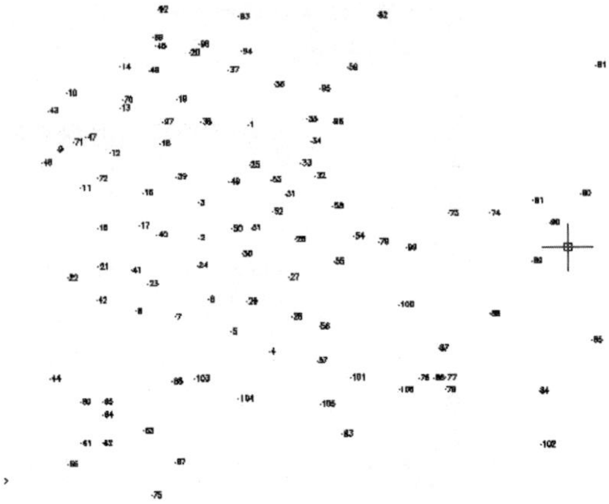

图 4-26 STUDY. DAT 展点图

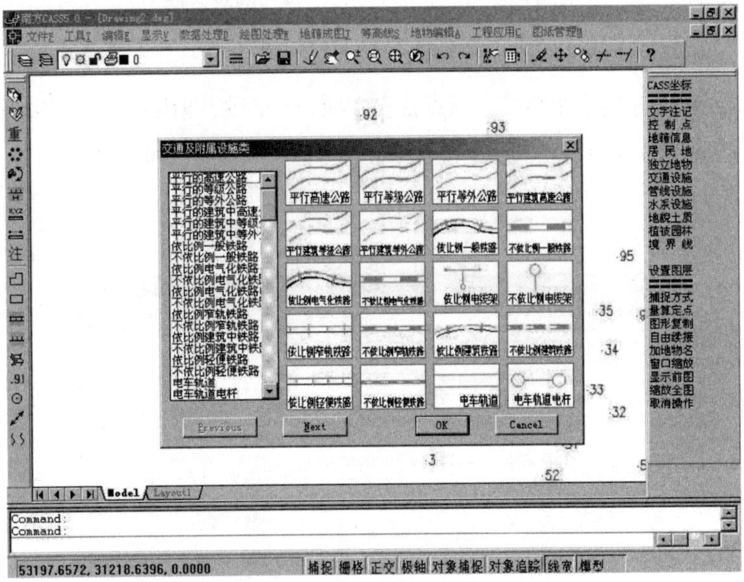

图 4-27 选择屏幕菜单“交通设施”

通过“Next”按钮找到“平行等外公路”并选中,再点击“OK”,命令区提示:

绘图比例尺 1:输入 500,回车。

点 P/<点号>输入 92,回车。

点 P/<点号>输入 45,回车。

点 P/<点号>输入 46,回车。

点 P/<点号>输入 13,回车。

点 P/<点号>输入 47,回车。

点 P/<点号>输入 48,回车。

点 P/<点号>回车

拟合线<N>? 输入 Y,回车。

说明:输入 Y,将该边拟合成光滑曲线;输入 N(缺省为 N),则不拟合该线。

1. 边点式/2. 边宽式<1>:回车(默认 1)

说明：选 1(缺省为 1)，将要求输入公路对边上的一个测点；选 2，要求输入公路宽度。

对面一点

点 P/<点号>输入 19，回车。

这时平行等外公路就作好了。如图 4-28 所示。

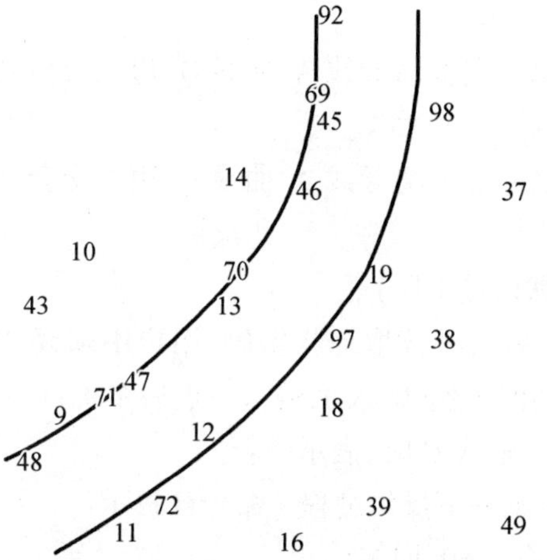

图 4-28　作好一条平行等外公路

下面作一个多点房屋。选择右侧屏幕菜单的“居民地”选项，弹出如图 4-29 界面。

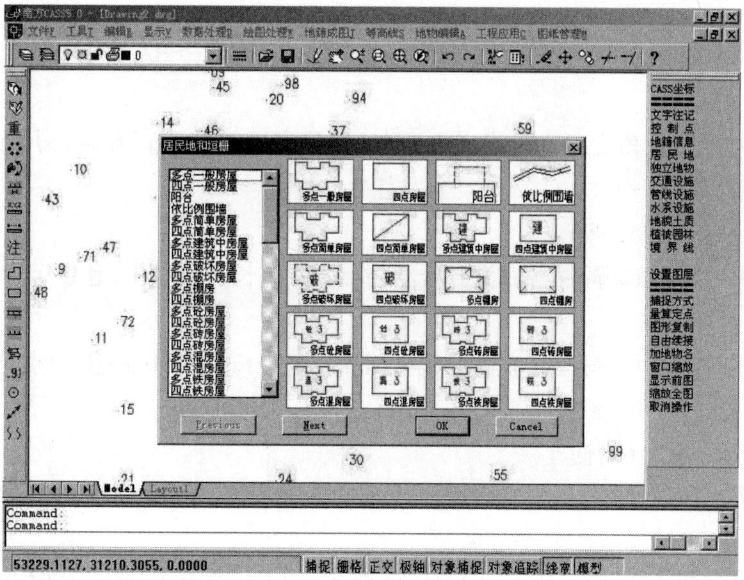

图 4-29　选择屏幕菜单“居民地”

先用鼠标左键选择“多点砼房屋”，再点击“OK”按钮。命令区提示：

第一点：

点 P/<点号>输入 49，回车。

指定点：

点 P/<点号>输入 50,回车。

闭合 C/隔一闭合 G/隔一点 J/微导线 A/曲线 Q/边长交会 B/回退 U/点 P/<点号>输入 51。回车

闭合 C/隔一闭合 G/隔一点 J/微导线 A/曲线 Q/边长交会 B/回退 U/点 P/<点号>输入 J。回车

点 P/<点号>输入 52,回车。

闭合 C/隔一闭合 G/隔一点 J/微导线 A/曲线 Q/边长交会 B/回退 U/点 P/<点号>输入 53。回车

闭合 C/隔一闭合 G/隔一点 J/微导线 A/曲线 Q/边长交会 B/回退 U/点 P/<点号>输入 C,回车。

输入层数:<1>回车(默认输 1 层)。

说明:选择多点砼房屋后自动读取地物编码,用户不须逐个记忆。从第三点起弹出许多选项,这里以“隔一点”功能为例,输入 J,输入一点后系统自动算出一点,使该点与前一点及输入点的连线构成直角。输入 C 时,表示闭合。

再作一个多点砼房,熟悉一下操作过程。命令区提示:

第一点:点 P/<点号>输入 60,回车。

指定点:

点 P/<点号>输入 61,回车。

闭合 C/隔一闭合 G/隔一点 J/微导线 A/曲线 Q/边长交会 B/回退 U/点 P/<点号>输入 62,回车。

闭合 C/隔一闭合 G/隔一点 J/微导线 A/曲线 Q/边长交会 B/回退 U/点 P/<点号>输入 a,回车。

微导线-键盘输入角度(K)/<指定方向点(只确定平行和垂直方向)>用鼠标左键在 62 点上侧一定距离处点一下。

距离<m>:输入 4.5,回车。

闭合 C/隔一闭合 G/隔一点 J/微导线 A/曲线 Q/边长交会 B/回退 U/点 P/<点号>输入 63,回车。

闭合 C/隔一闭合 G/隔一点 J/微导线 A/曲线 Q/边长交会 B/回退 U/点 P/<点号>输入 J,回车。

点 P/<点号>输入 64,回车。

闭合 C/隔一闭合 G/隔一点 J/微导线 A/曲线 Q/边长交会 B/回退 U/点 P/<点号>输入 65,回车。

闭合 C/隔一闭合 G/隔一点 J/微导线 A/曲线 Q/边长交会 B/回退 U/点 P/<点号>输入 C,回车。

输入层数:<1>输入 2,回车。

说明:“微导线”功能由用户输入当前点至下一点的左角(度)和距离(米),输入后软件将计算出该点并连线。要求输入角度时若输入 K,则可直接输入左向转角,若直接用鼠标点击,只可确定垂直和平行方向。此功能特别适合知道角度和距离但看不到点的位置的情

况,如房角点被树或路灯等障碍物遮挡时。

两栋房子“建”好后,效果如图 4-30 所示。

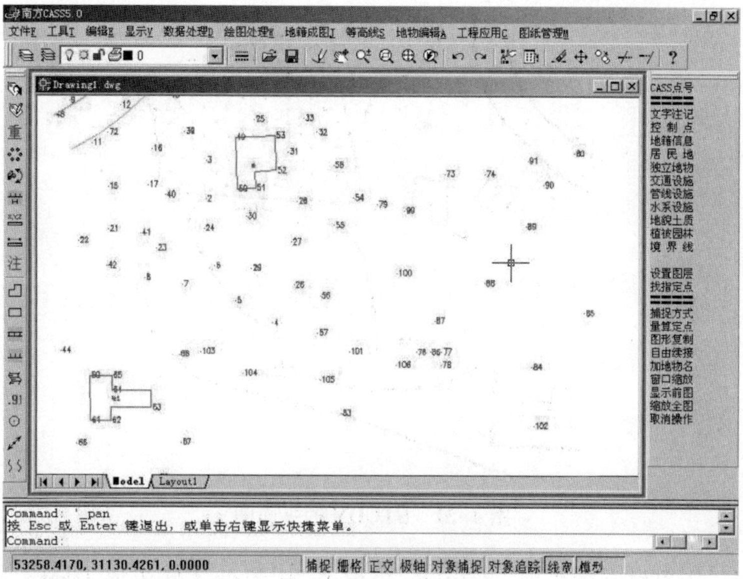

图 4-30　“建”好两栋房子

类似以上操作,分别利用右侧屏幕菜单绘制其他地物。

在“居民地”菜单中,用 3、39、16 三点完成利用三点绘制 2 层砖结构的四点房;用 68、67、66 绘制不拟合的依比例围墙;用 76、77、78 绘制四点棚房。

在“交通设施”菜单中,用 86、87、88、89、90、91 绘制拟合的小路;用 103、104、105、106 绘制拟合的不依比例乡村路。

在“地貌土质”菜单中,用 54、55、56、57 绘制拟合的坎高为 1 米的陡坎;用 93、94、95、96 绘制制不拟合的坎高为 1 米的加固陡坎。

在“独立地物”菜单中,用 69、70、71、72、97、98 分别绘制路灯;用 73、74 绘制宣传橱窗;用 59 绘制不依比例肥气池。

在“水系设施”菜单中,用 79 绘制水井。

在“管线设施”菜单中,用 75、83、84、85 绘制地面上输电线。

在“植被园林”菜单中,用 99、100、101、102 分别绘制果树独立树;用 58、80、81、82 绘制菜地(第 82 号点之后仍要求输入点号时直接回车),要求边界不拟合,并且保留边界。

在“控制点”菜单中,用 1、2、4 分别生成埋石图根点,在提问点名. 等级:时分别输入 D121、D123、D135。

最后选取“编辑”菜单下的“删除”二级菜单下的“删除实体所在图层”,鼠标符号变成了一个小方框,用左键点取任何一个点号的数字注记,所展点的注记将被删除。

平面图作好后效果如图 4-31 所示。

(5)绘等高线

展高程点。用鼠标左键点取“绘图处理”菜单下的“展高程点”,将会弹出数据文件的对话框,找到 C:\CASS70\DEMO\STUDY. DAT,选择“OK”,命令区提示:注记高程点的距离(米):直接回车,表示不对高程点注记进行取舍,全部展出来。

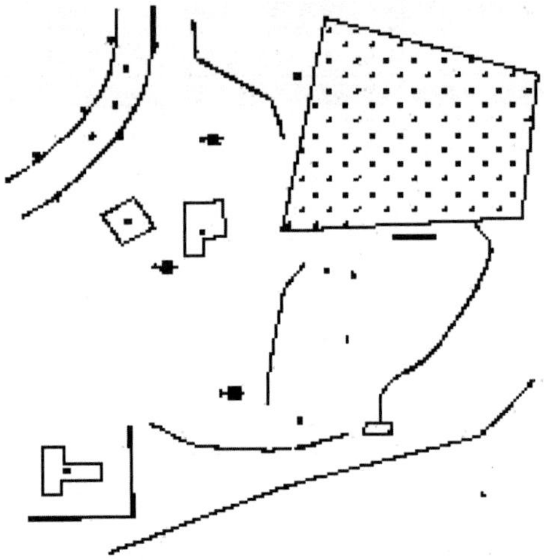

图 4-31　STUDY 的平面图

建立 DTM。用鼠标左键点取“等高线”菜单下“用数据文件生成 DTM”,将会弹出数据文件的对话框,找到 C:\CASS70\DEMO\STUDY. DAT,选择“OK”,命令区提示:

请选择: 1. 不考虑坎高 2. 考虑坎高<1>:回车(默认选 1)。

请选择地性线:(地性线应过已测点,如不选则直接回车)

Select objects:回车(表示没有地性线)。

请选择:1. 显示建三角网结果 2. 显示建三角网过程 3. 不显示三角网<1>:回车(默认选 1)。

这样左部区域的点连接成三角网,其他点在 STUDY. DAT 数据文件里高程为 0,故不参与建立三角网。如图 4-32 所示。

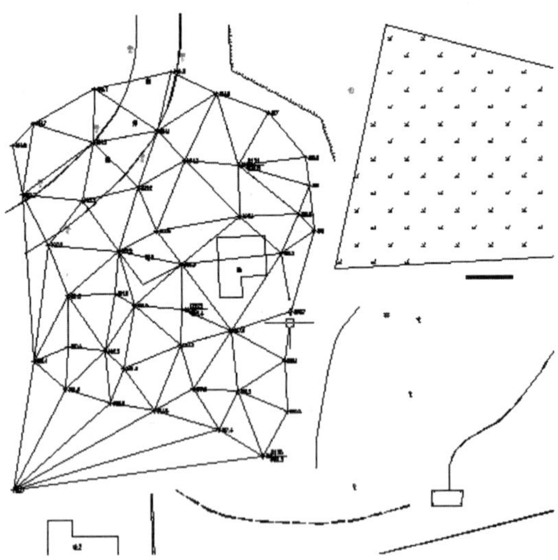

图 4-32　建立 DTM

用鼠标左键点取“等高线”菜单下的“绘等高线”，命令区提示：

最小高程为 490.400 m，最大高程为 500.228 m。

请输入等高距<单位：米>：输入 1，回车。

请选择：1. 不光滑 2. 张力样条拟合 3. 三次 B 样条拟合 4. SPLINE <1>：输入 3，回车。

这样等高线就绘好了。

再选择“等高线”菜单下的“删三角网”，这时屏幕显示如图 4-33 所示。

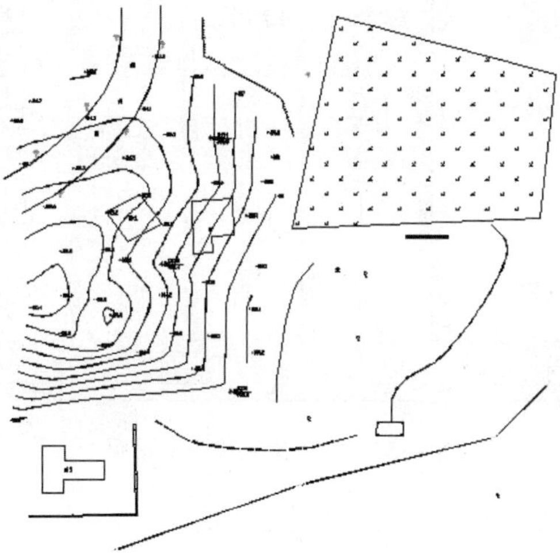

图 4-33　绘好等高线

接下来做等高线的修剪。利用“等高线”菜单下的“等高线修剪”二级菜单，如图 4-34 所示。用鼠标左键点取“切除穿建筑物等高线”，软件将自动搜寻穿过建筑物的等高线并将其进行整饰。点取“切除指定二线间等高线”，依提示依次用鼠标左键选取左上角的道路两边，CASS7.0 将自动切除等高线穿过道路的部分。点取“切除穿高程注记等高线”，CASS7.0 将自动搜寻，把等高线穿过注记的部分切除。

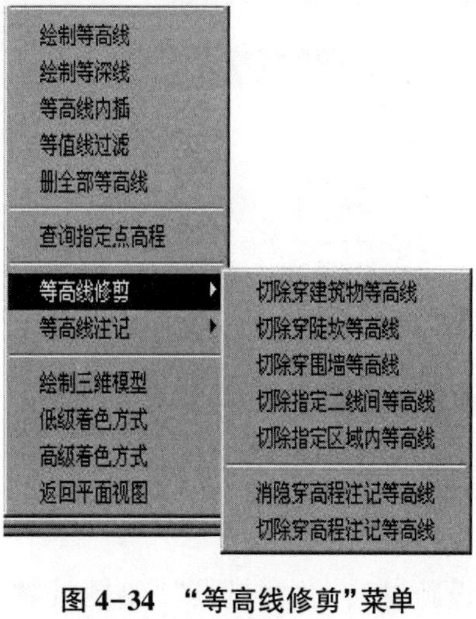

图 4-34　“等高线修剪”菜单

(6)加注记。

下面我们演示在平行等外公路上加“经纬路”三个字。

用鼠标左键点取右侧屏幕菜单的“文字注记”项，弹出如图 4-35 的界面。

图 4-35 弹出文字注记对话框

点击“注记文字”项，然后点取“OK”，命令区提示：

请输入图上注记大小(mm) <3. 0>回车(默认 3 mm)。

请输入注记内容：输入“经”，回车。

请输入注记位置(中心点)：在平行等外公路两线之间的合适的位置点击鼠标左键。

用同样的方法在合适的位置输入“纬”“路”二字。

(7)加图框。

用鼠标左键点击“绘图处理”菜单下的“标准图幅(50×40)”，弹出如图 4-36 的界面。

图 4-36 输入图幅信息

在“图名”栏里，输入“建设新村”；在“测量员”“绘图员”“检查员”各栏里分别输入“张三”“李四”“王五”;在“左下角坐标”的“东”“北”栏内分别输入“53073”“31050”;在“删除图框外实体”栏前打勾,然后按确认。这样这幅图就作好了,如图 4-37 所示。

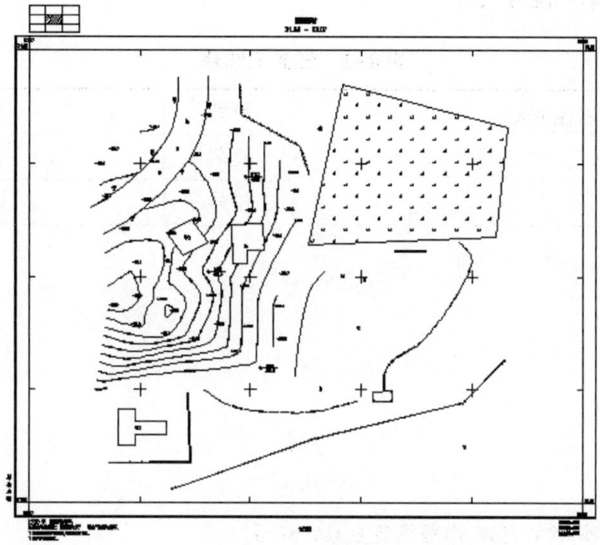

图 4-37　加图框

(8)出图

用鼠标左键点取“文件”菜单下的“用绘图仪或打印机出图”,进行绘图。选好图纸尺寸、图纸方向之后,用鼠标左键点击“窗选”按钮,用鼠标圈定绘图范围。将“打印比例”一项选为“2:1”(表示满足 1:500 比例尺的打印要求),通过“部分预览”和“全部预览”可以查看出图效果,满意后就可单击“确定”按钮进行绘图了。

当你一步一步地按着上面的提示操作,到现在就可以看到第一份成果了。

三、任务实施

(一)准备工作

(1)机绘地图:安装 CASS7.0。

(2)手绘地图:准备图纸。

(二)实施过程

1. 手绘地图

(1)绘制图框、坐标格网。

(2)展绘地物碎部点到格网上,绘制地物。

(3)展绘地貌碎部点到格网上,按等高线展绘原则绘制等高线。

(4)地形图拼接、检查、整饰、成图。

2. 数字化绘制地形图

(1)数据传输:把全站仪内的碎部点数据传输到 cass 软件内。

(2)根据点位,找出地物点,绘制所有地物。

(3)绘制等高线,修剪等高线。

(4)为图加注记、加图框,成图。

四、任务工作单(表 4-5)

表 4-5　任务工作单

学习情境:大比例尺地形图测绘	班级		日期	
	姓名			
工作任务:地形图绘制	学号		评分	

1. 任务内容

(1)手绘地形图的步骤。

(2)cass 绘图步骤。

2. 基本知识

(1)手绘地形图的步骤。

(2)cass 成图的步骤。

3. 任务实施

(1)本任务在理实一体化教室完成,电脑需装上 CASS7. 0。

(2)按上一个任务中测量的校园部分校区的地形图相关数据的记录分别用手绘和电脑各自成图。

(3)绘图工作完成后,还应按一定的检校方法对绘图结果进行检查,确保绘图成果的正确性及精度。

4. 任务小结

通过此工作任务的实施,各小组集中完成下述工作。

(1)你认为本次教学是否达到预期目的,还有什么意见和建议?

(2)根据下图已测绘的碎部点,勾绘等高线,等高距为 2 m。

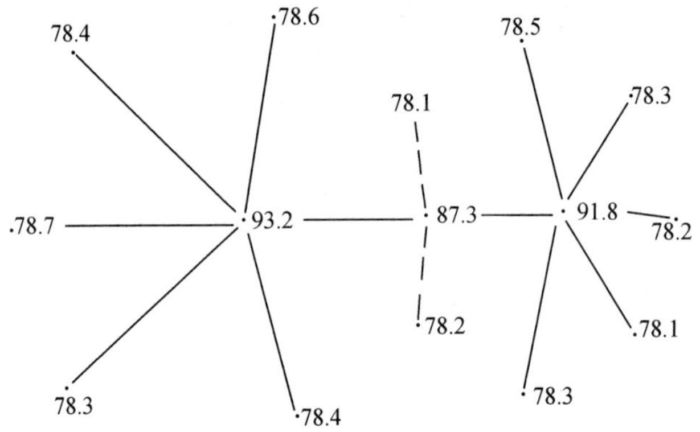

实操二　数字地形图成图

一、实训目的

(1)学会 CASS 软件进行地物的绘制。

(2)学会绘制同类房屋的快捷方法。

二、实训工具及设备

(1)所需设备：电脑 1 台、AutoCAD 及南方 CASS 软件各 1 套。

(2)人员组织与任务要求：每人将所测量的数据展绘到图上，根据草图绘制所测绘的地物。

三、实训注意事项

(1)CAD 和 CASS 软件的版本要对应。

(2)绘图中要不断进行手工保存，杜绝长时间画图不保存的情况出现。

(3)图形画完后要进行检查，当天测量的数据要当天把图形画完。

四、实训内容

(1)运行 CASS7.0 软件，点击“绘图处理”，将测量的数据按照展测站点号、展测站高程、展测站点位的顺序依次展点。

(2)调出屏幕菜单，点击居民地，在下拉菜单中选择合适的房屋类型，根据野外草图绘制相应的房屋，并进行相关属性的标注。

(3)按照上述的方法，将所测量的房屋全部快熟准确地画出。

(4)对所绘制的房屋进行检查，看是否有连错、漏连现象及房屋注记是否正确(字体、大小、指向等是否符合要求)。

(5)使用快捷键绘制同类房屋。

五、实训教学考核评定

上交电子地形图，交老师批阅，老师会对其地物绘制的熟练情况进行评定。

工作任务三　地形图应用

一、任务概述

(一)应知应会

通过本工作任务的学习与具体实施,学生应学会下列知识。

(1)利用地形图来指导设计和施工。

(2)会进行距离、高程、坡度、面积、土方等计算。

通过本工作任务的学习与具体实施,学生应掌握下列技能。

(1)能熟练识图。

(2)利用地形图提取施工和设计方面的所需数据。

(二)学习要求

(1)学生在上课前,应到本课程的网站中预习本工作任务的相关内容。

(2)本课程采用理实一体化的模式组织教学,学生在学习过程中,要注重理论与实践的结合,提高自己的动手能力。

(3)每个工作任务学习结束后,学生应独立完成任务工作单的填写。

二、相关知识

(一)地形图的识读

根据地形图图廓外的注记,可全面了解地形的基本情况。

(1)了解测图时间和测绘单位,以判断地形图的新旧和适用程度。

(2)由地形图的比例尺知道地形图反映地物、地貌的详略。

(3)从图廓坐标掌握图幅的范围。

(4)通过接图表了解与相邻图幅的关系。

(5)了解地形图的坐标系统、高程系统、等高距等,以便正确识读地形图。

识图时应根据《地形图图示》中的符号、等高线的性质和测绘地形图时综合取舍的原则来识读地物、地貌。在识读地形图时,还应注意由于各项建设的发展,地面上的地物、地貌不是一成不变的。因此,在应用地形图进行规划以及解决工程设计和施工中的各种问题时,除了细致地识读地形图外,还需进行实地勘察,以便对建设用地做全面正确的了解。

(二)地形图应用的基本内容

1. 确定图上点的坐标

当需要在地形图上量测一些设计点位的坐标时,可利用地形图上的坐标格网用图解法来进行量算。

如图4-38所示,欲求A点坐标,可过A点作x轴和y轴的平行线,与邻近的格网线交于

e、f、g、h，用直尺量出 eA、gA 的长度。设该地形图的比例尺分母为 M，则 A 点坐标为

$$x_A = x_e + eA \times M$$

$$y_A = y_e + gA \times M \tag{4-4}$$

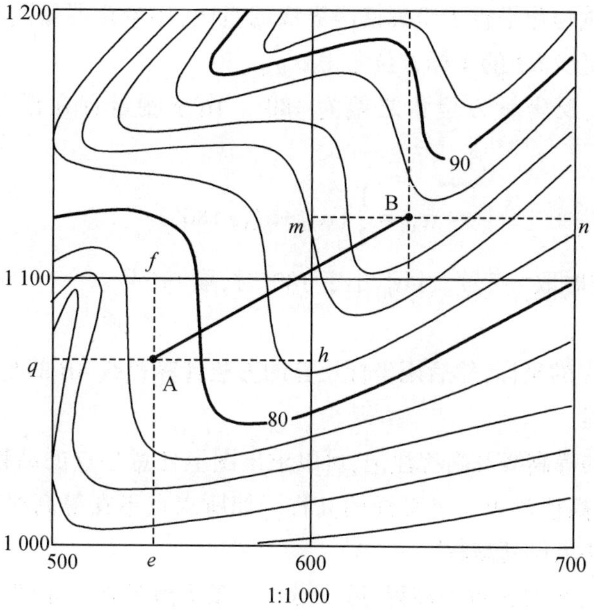

图 4-38　地形图的基本应用

若要求精度较高，则应考虑图纸伸缩变形的影响。此时应量出 ef、gh 的长度，按下式计算：

$$x_A = x_e + \frac{eA}{ef} \times l$$

$$y_A = y_e + \frac{gA}{gh} \times l \tag{4-5}$$

式中　l——方格边的实地长度。

图解坐标的精度受图解精度的限制。一般认为，图解精度为图纸上 0.1 mm，故图解坐标精度不会高于地形图相应比例尺的精度。

2. 确定两点间的水平距离

欲求图上两点间的水平距离，可用以下两种方法。

(1)直接量测

当图纸伸缩不大且距离较短时，可用卡规在图上量出线段长度后，再与图示比例尺比量，即可得其水平距离；也可用直尺量得图上距离后，乘以比例尺分母而得实地水平距离。

(2)解析法

当图纸伸缩较大、两点间距离较长(甚至不在一个图幅)时，为了消除图纸变形的影响以提高精度，可用两点的坐标计算距离。如图 4-38 所示，求 A、B 两点间的水平距离，可先用图解法求出两点的坐标值 X_A、Y_A 和 X_B、Y_B，然后按下式计算水平距离：

$$D_{AB}=\sqrt{(x_B-x_A)^2+(y_B-y_A)^2}=\sqrt{\Delta x_{AB}^2+\Delta y_{AB}^2} \tag{4-6}$$

3. 确定两点间直线的坐标方位角

如图 4-38 所示，欲求直线 AB 的坐标方位角 α_{AB}，有两种方法。

(1)图解法

过 A、B 两点精确地作平行于坐标格网纵线的直线，用量角器量测直线 AB 的坐标方位角得 α'_{AB}，然后量测直线 BA 的坐标方位角得 α'_{BA}。

同一直线的正、反坐标方位角之差为 180°。由于测量存在误差，所以可按下式计算 α_{AB}：

$$\alpha_{AB}=\frac{1}{2}(\alpha'_{AB}+\alpha'_{BA}\pm 180°) \tag{4-7}$$

当 α'_{BA} 大于 180°时取"-"号，当 α'_{BA} 小于 180°时，取"+"号。

(2)解析法

先求出 A、B 两点的坐标，然后用坐标反算的方法计算直线 AB 的坐标方位角。

4. 确定点的高程

利用地形图上的等高线及高程注记，可以求出图上任意一点的高程。如所求点恰好在等高线上，则该点的高程就等于等高线的高程。如所求点不在等高线上，则可利用相邻等高线的高程用内插法求得其高程。

如图 4-39 所示，欲求 A 点的高程，过 A 点作一条大致垂直于相邻等高线的线段 mn，量取 mn 的长度为 d_{mn}，再量取 mA 的长度为 d_{mA}，则 A 点的高程 H_A 可按下式求得

$$H_A=H_m+\frac{d_{mA}}{d_{mn}}\times h$$

或

$$H_A=H_n-\frac{d_{nA}}{d_{mn}}\times h \tag{4-8}$$

式中 h——等高距。

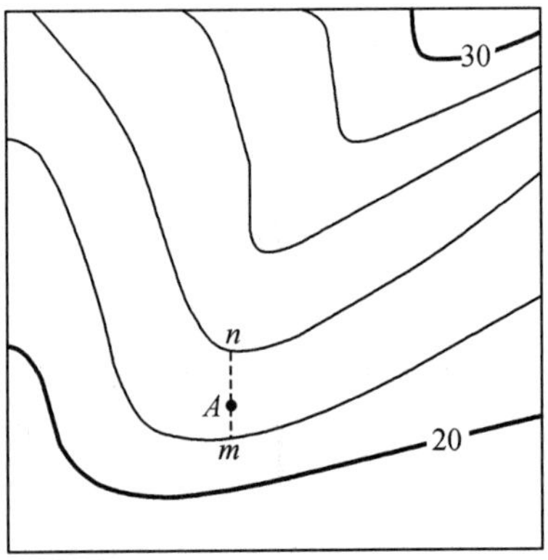

图 4-39 确定点的高程

如果要确定两点间的高差，则可用上述方法先确定两点的高程，再相减即得。

5. 确定两点间地面的坡度

地面两点间的高差与水平距离之比称为坡度,用 i 表示。通常以百分率(%)或千分率(‰)表示,可用下式计算:

$$i=\frac{h}{D}=\frac{h}{dM} \tag{4-9}$$

式中 d——图上两点间的长度,m;

M——地形图比例尺分母。

如果两点间的距离较长,中间通过疏密不等的等高线,则上式所求地面坡度为两点间的平均坡度。

6. 按规定坡度在图上选取最短路线

对管线、渠道、道路等工程进行初步设计时,一般要先在地形图上选线。按照技术要求选定一条合理的线路,应考虑的因素很多。这里只说明根据地形图等高线,按规定的坡度选定其最短线路的方法。

如图 4-40 所示,设需在图上从 A 点到 B 点选一条公路线,要求其坡度不大于 5%(限制坡度)。已知该地形图的比例尺为 1∶10 000,等高距为 5 m。为了满足限制坡度的要求,根据坡度计算公式可以计算出该路线经过相邻两条等高线之间的最小水平距离为

$$i=\frac{h}{D}=\frac{h}{dM}\Rightarrow d=\frac{h}{i\times M}=\frac{5}{0.05\times 10\ 000}=0.01\ \text{m}=1\ \text{cm}$$

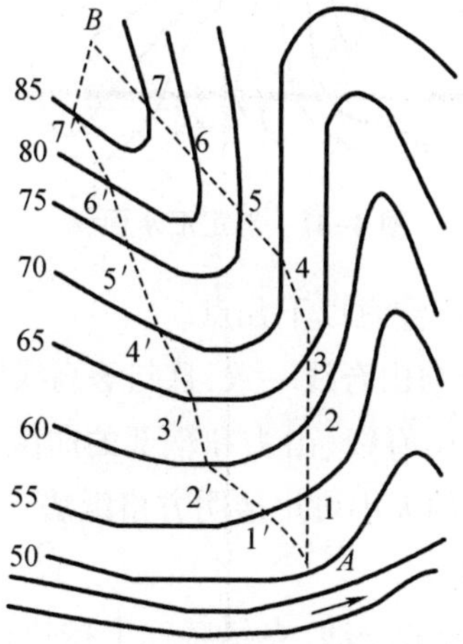

图 4-40 选取最短线路

以 A 点为圆心,以 d 为半径画弧,交 55 m 等高线于 1 点,再以 1 点为圆心,以 d 为半径画弧,交 60 m 等高线于 2 点,以此类推,直到 B 点附近为止。然后连接 A、1、2、…、B,便在图上得到符合限制坡度要求的路线。为了便于选线比较,还需另选一条路线,如 A、1′、2′、…、B。同时考虑其他因素,如少占农田,建筑费用最少,避开塌方或崩裂地带等,以便确定路线的最佳方案。如遇等高线之间的平距大于 1 cm,以 1 cm 为半径的圆弧将不会与等高线相交,这说明坡度小于限制坡度。在这种情况下,线路方向可按最短距离绘出。

7. 确定汇水范围

跨越河流、山谷修筑道路时,必须建桥梁或涵洞,兴修水库必须筑坝拦水,而桥梁涵洞孔径的大小、水坝的设计位置与坝高、水库的蓄水量等都要根据这个地区的汇水面积来确定。汇集水流量的面积称为汇水面积。

由于雨水是沿山脊线(分水线)向两侧山坡分流,所以汇水面积的边界线是由一系列的山脊线连接而成的。如图 4-41 所示,一条公路 *AB* 经过山谷,拟在 *M* 处架桥或修涵洞,其孔径大小应根据流经该处的流水量决定,而流水量又与山谷的汇水面积有关。由图 4-39 可以看出,虚线和公路所围成的面积,就是这个山谷的汇水面积。量测该面积的大小,再结合气象水文资料,便可进一步确定流经公路 *M* 处的水量,从而为桥梁或涵洞的孔径设计提供依据。

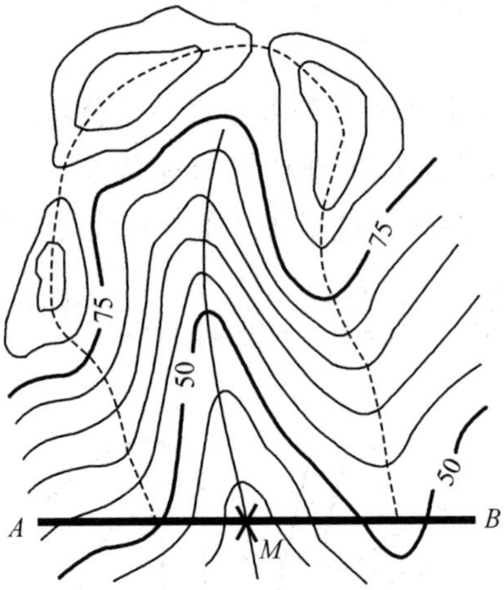

图 4-41 确定汇水面积

确定汇水面积的边界线时,应注意以下几点。

(1)边界线(除公路段外)应与山脊线一致,且与等高线垂直。

(2)边界线是经过一系列的山脊线、山头和鞍部的曲线,并与河谷的指定断面(公路或水坝的中心线)闭合。汇水面积的大小可用透明方格纸法、平行线法或求积仪法测定。

8. 绘制某一方向的纵断面图

过某一线路的铅垂面与地面的交线,在铅垂面上按比例缩小后的地面起伏图形,就是该线路所经地面的断面图(或称剖面图)。在输电线路、渠道、铁路、公路等线路工程中,根据其断面图可以了解沿线地表面的起伏情况和斜坡坡度。在断面图上可以得到有关数据,并可以进行线路设计。精确的断面图应在实地直接测定。如果要求不高,则可根据地形图绘制。

绘制断面图时,首先要确定断面图的水平比例尺和垂直比例尺。通常采用与所用地形图比例尺相同的水平比例尺;而垂直比例尺则应比水平比例尺大 10 倍或 20 倍,以便突出地显示地形起伏情况。

如图 4-42 所示,欲沿 *mn* 方向绘制断面图,可先量出 *mn* 线与各等高线交点 *a*、*b*、*c*、…*r*、

s 到 m 点的距离,然后在绘图纸或方格纸上用与地形图相同的比例尺或其他适宜的比例尺,在横坐标轴上绘出 a_1、b_1、c_1、…r_1、s_1 等点;根据等高线可得出这些点的高程,再用一定的比例尺,在纵坐标方向上绘出各点的高程,就得到相应的地面点 a'、b'、c'、…r'、s';用光滑的曲线连接各地面点,就绘出了沿直线 mn 方向的断面图。

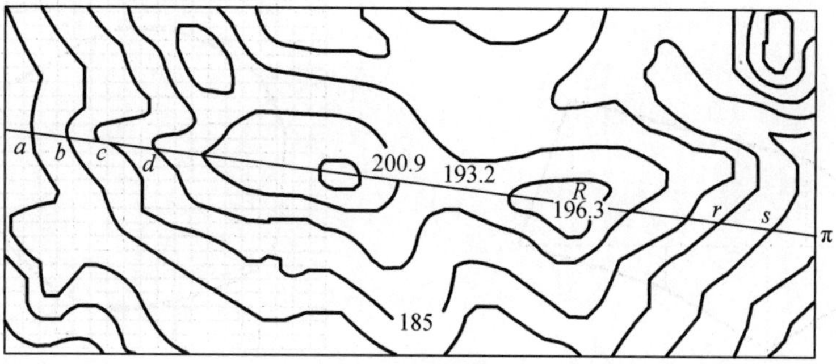

(a)1:10 000

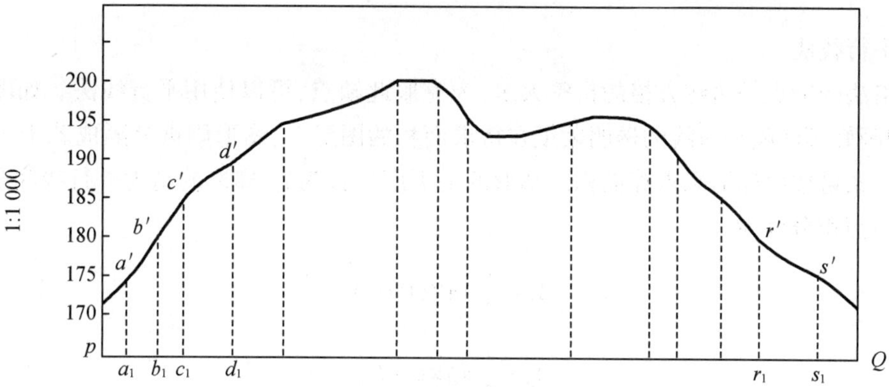

(b)1:10 000

图 4-42　绘制纵断面图

断面过山脊、山顶或山谷处的高程变化点的高程,可用比例内插法求得。

9. 图形面积的计算

在工程规划设计中,常需在地形图上量算一定轮廓范围内的面积。例如林场面积、灌溉面积、汇水面积等,还有一些工程的土方计算、地质勘探的矿产储量计算等工作,都离不开面积计算问题。

在图上求面积,也就是求算实地水平投影的面积(水平面积),实地水平面积是图上面积的 M2 倍,M 为地形图比例尺字母。其计算方法一般有以下几种。

(1)图解法

①几何图形法

如欲求面积之图形为多边形时,可将多边形分解成若干个几何图形,如三角形、梯形、矩形等,如图 4-43 所示。量取计算各几何图形面积所需的元素,按几何公式计算出各图形的面积,取其总合即为多边形的面积。

②透明方格纸法

如图 4-44 所示，将绘有方格的透明纸覆盖在图形上，然后数出该图形所包含的整方格数和不完整方格数，对不完整的方格可按互补方式拼凑成若干个整方格数，求得总方格数 n，再按每格相应实地面积乘以格数 n，即可得到该图形的实地面积。

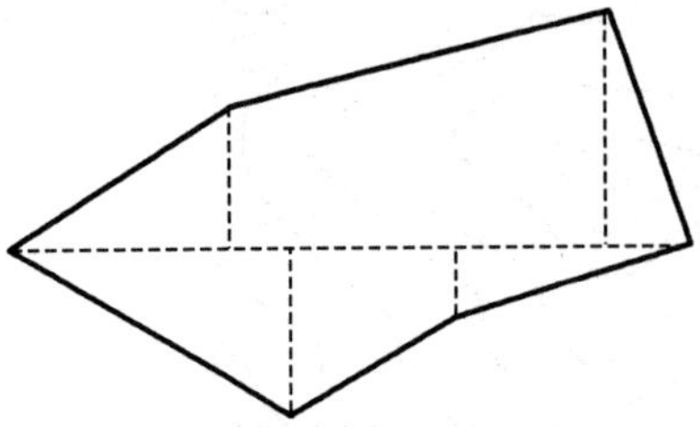

图 4-43　几何图形法求面积

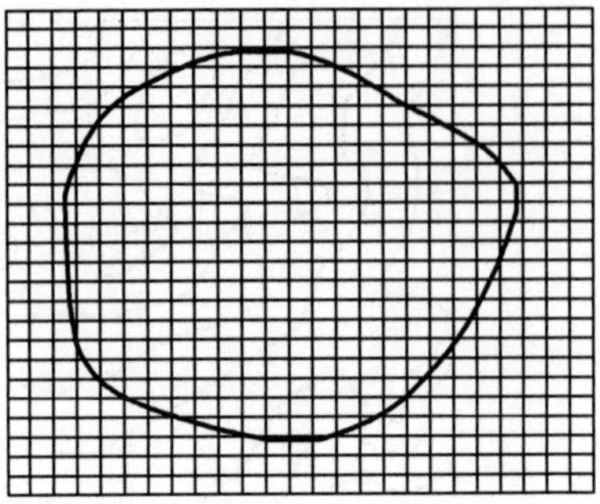

图 4-44　透明方格纸法求面积

③平行线法

方格法的缺点是边缘方格的拼整太多，为克服此缺点，可以使用平行线法。如图 4-45 所示，用画好等间隔平行线的透明蒙纸在待求面积的图形上，图形则被分隔成若干个长条，每一个长条可按照梯形来求算面积。梯形的上下底边长为 l_i，梯形的高为平行线间隔 h，则各梯形的面积分别为

$$A_1=\frac{1}{2}\times h\times(0+l_1)$$

$$A_2=\frac{1}{2}\times h\times({}_1+l_2)$$

$$\vdots$$

$$A_n=\frac{1}{2}\times h\times(l_{n-1}+l_n)$$

$$A_{n+1}=\frac{1}{2}\times h\times(l_n+0)$$

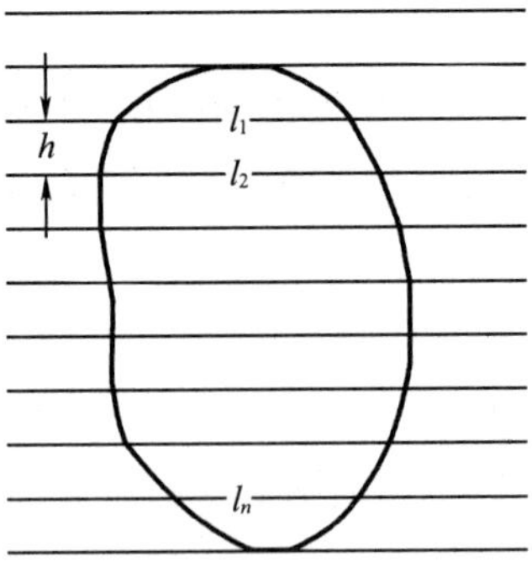

图 4-45　平行线法求面积

图形总面积为

$$A = A_1 + A_2 + \cdots + A_{n+1} = h\sum_{n}^{1} l_i \tag{4-10}$$

(2)解析法

图形面积不是曲线就是折线，折线图形有多边形顶点，曲线图形亦可以用若干点连成的折线图形代替，只是点取得多的折线图形更为接近于曲线图形。在图上量取图形各顶点的坐标，且将这些点按顺时针顺序编号，设各点的坐标分别为 x_i、y_i($i=1,2,3,\cdots,n$)，则多边形面积 P 为

$$P = \frac{1}{2}\sum_{1}^{n} y_i(x_{i-1} - x_{i+1}) \tag{4-11}$$

或

$$P = \frac{1}{2}\sum_{1}^{n} x_i(y_{i-1} - y_{i+1}) \tag{4-12}$$

因为是闭合图形，所以第 $n+1$ 点即为 1 号点。亦即在式中，当 $i-1=0$ 时，点号即为 n，$i+1=n+1$ 时，点号即为 1。此法对于实测坐标的图形，面积计算精度可靠，而且公式有规律，更适合编程计算。

(3)求积仪法

求积仪是一种测定图形面积的仪器。它的优点是能用来测定任意形状的图形面积，故得到广泛应用。求积仪分机械和电子两大类。用求积仪测面积，其精度和图纸、图板的平整度、求积仪的质量和校正情况、作业时的细心程度、被测图形的形状等因素有关。

关于求积仪的使用方法，可参照说明书。

10. 根据地形图平整场地

建筑工程正式施工前，应进行“三通一平”，三通即水通、电通、路通，一平是平整场地。所谓平整场地是指对原地貌进行必要的改造，使地面高程符合设计要求。其目的是方便施工场地布置、解决排除地面水及交通运输等问题。在平整场地的工作中，常需估算土石方的工程量，这项工作可利用地形图进行，其主要方法有方格网法、等高线法和断面法。

(1)方格网法

方格网法适用于地形起伏不大或地形变化比较规律的地区。

①把自然地面平整为水平场地

图 4-46 所示为一块待平整的坡地，地形图比例尺为 1:1 000，要求在划定范围内平整为同一高程的平地，同时满足填挖方平衡的条件。

a. 布置方格网

在需要平整场地的地形图上的相应位置布置方格网，方格边长取决于地形变化情况、地形图比例尺大小和土方估算的精度要求，一般取 10 m、20 m、50 m，根据地形图的比例尺，在图上绘出方格网，并进行编号。为了计算的方便，在同一范围内，方格的边长一般取相同长度，但在特殊地形处，也可采用不同的边长。图 4-46 中的方格边长为 10 m。

b. 计算方格角点的地面高程和方格网的平均高程

根据等高线内插求出各方格角点的地面高程，并标于相应角点的右上方。

c. 计算设计高程

平整场地后的高程称为设计高程。先分别计算每一方格四个角点高程的平均值，再把各方格的平均高程加起来除以方格数，即得设计高程。经分析可知，在计算设计高程时，方格网外围角点高程用一次，如图 4-46 中的 1、5、11、24、29 点；边点高程用两次，如 2、3、4、6…；拐点高程用三次，如 10 点；中点高程用四次，如 7、8、9、…。则设计高程的计算公式可写成：

$$H_{设} = \frac{\sum H_{角} + 2\sum H_{边} + 3\sum H_{拐} + 4\sum H_{中}}{4n} \tag{4-13}$$

式中　n——方格的个数；

$\sum H_{角}$、$\sum H_{边}$、$\sum H_{拐}$、$\sum H_{中}$——各角点、边点、拐点和中点的高程之和，m。

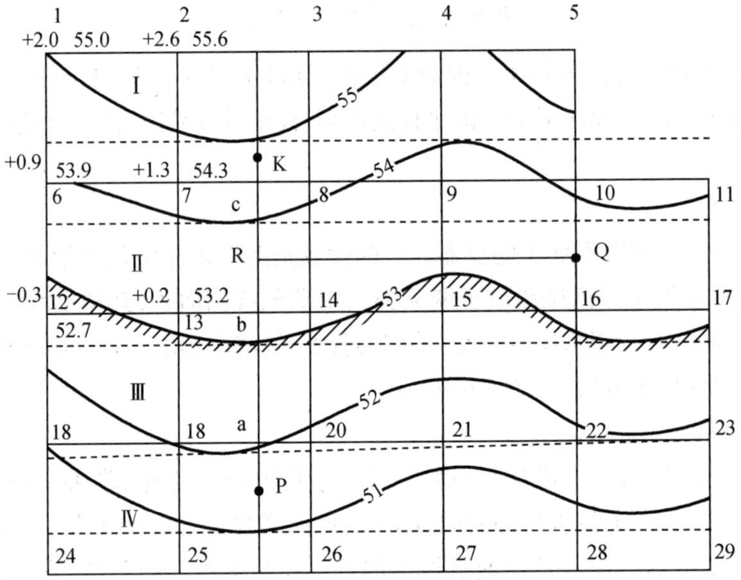

图 4-46　方格网法计算土方量

根据计算的设计高程 $H_{设}$，在地形图上用内插法找出设计高程点，用圆滑的曲线连接起来，即得填挖边界线。与该等高线相比，地势高的一侧为挖方区，地势低的一侧为填方区。

d. 计算填挖高度

用方格顶点的地面高程和设计高程，可计算出方格角点的填、挖高度，即

填(挖)高度=地面高程-设计高程

将填(挖)高度注记在各方格角点的左上方。正号为挖方，负号为填方。

e. 计算填(挖)土石方量

填(挖)土石方量可按角点、边点、拐点、中点分别按下列公式计算。

角点：

$$V_{填(挖)} = \sum h_{填(挖)} \times \frac{1}{4} 方格面积 \tag{4-14}$$

边点：

$$V_{填(挖)} = \sum h_{填(挖)} \times \frac{1}{2}\text{方格面积} \tag{4-15}$$

拐点：

$$V_{填(挖)} = \sum h_{填(挖)} \times \frac{3}{4}\text{方格面积} \tag{4-16}$$

中点：

$$V_{填(挖)} = \sum h_{填(挖)} \times 1\text{方格面积} \tag{4-17}$$

②把自然地面设计成倾斜地面

a. 打方格网求场地重心的设计高程

利用地形图设计有一定坡度的斜平面，首先是在地形图的相应位置打方格网，用内插法求出各方格角点的高程，然后按照前面计算设计高程的公式，算出场地重心的设计高程。例如算出场地重心点的设计高程为 51.8(m)。

b. 确定斜面上最高点和最低点的设计高程

从图 4-47 中可知，场地最高边为 AB，最低边为 DC，AB 至 DC 为 8%的下坡，所以 AB 与 DC 的高差为

$$h_{AD}=AD\times i=40\times\frac{8}{100}=3.2\ \text{m}$$

A、D(或 B、C)点的设计高程分别为

$$H_{\text{A}}(设)=51.8+\frac{3.2}{2}=53.4\ \text{m}$$

$$H_{\text{D}}(设)=51.8-\frac{3.2}{2}=50.2\ \text{m}$$

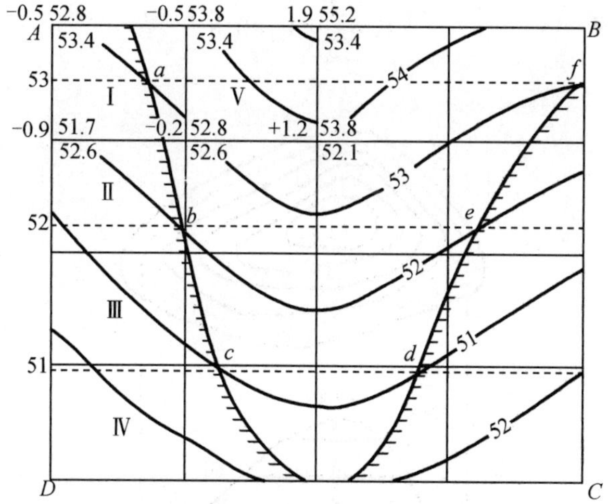

图 4-47　把自然地面平整为倾斜地面

c. 确定地面设计等高线的位置，绘出填挖边界线

根据 A、D 的设计高程，用内插法求出设计等高线高程为 51 m、52 m、53 m 等通过的位

置。然后过 AD 上设计等高线的通过点，作设计等高线的平行线，该平行线即为设计等高线。设计等高线与地形图上原有等高线的交点，即为填挖边界点，连接这些边界点，即得填挖边界线界。如图 4-47 中画有短线的曲线，即为填挖边界线。

d. 确定填挖高度

根据地形图，用内插法求出各方格角点的地面高程，并将该高程注在角点的右上方，用同样的方法计算出各方格角点的设计高程，并注在角点的右下方，然后用地面高程减去设计高程，即得各角点的填挖高度，并注在各角点的左上方。

e. 计算填挖方量

根据上面算出的各方格角点的填挖高度及各方格内的填挖面积，即可按照前面已用过的方法计算各方格内的填挖方量。最后算出总填方量和总挖方量。如图 4-47 中，在填挖边界线的内侧为挖方，填挖边界线的外侧为填方。

(2) 等高线法

当场地地面起伏较大，且仅计算挖方时，可采用等高线法。这种方法是从场地设计高程的等高线开始，算出各等高线所包围的面积，分别将相邻两条等高线所围面积的平均值乘以等高距，就是该两条等高线平面间的土石方量，再求和即得总的挖方量。

如图 4-48 所示，地形图等高距为 2 m，要求平整场地后的设计高程为 55 m。先在图中内插设计高程 55 m 的等高线(图 4-48 中虚线)，再分别求出 55 m、56 m、58 m、60 m、62 m 5 条等高线所围成的而积 A55、A56、A58、A60、A62，即可算出每层上石方量为

$$V_1=\frac{1}{2}(A_{55}+A_{56})\times 1$$

$$V_2=\frac{1}{2}(A_{56}+A_{58})\times 2$$

$$\vdots$$

$$V_5=\frac{1}{3}\times A_{62}\times 0.8$$

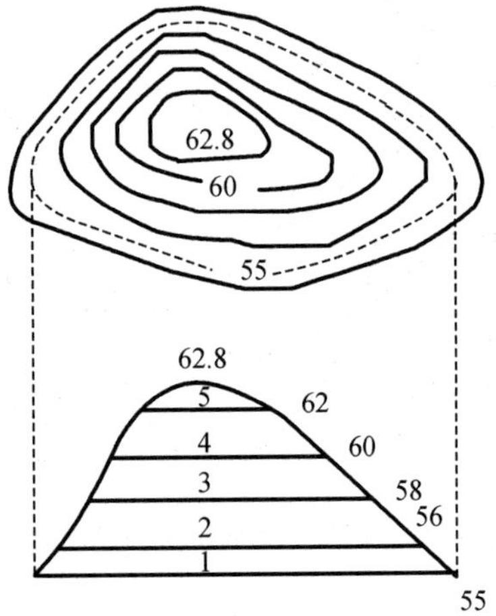

图 4-48　等高线法计算土方量

V5 是 62 m 等高线以上山头顶部的上石方量。总挖方量为

$$\sum V_{挖} = V_1 + V_2 + V_3 + V_4 + V_5$$

(3)断面法

在道路和管线建设(或坡地的平整)中,沿中线(或挖、填边线)至两侧一定范围内线状地形的土石方计算常用断面法。这种方法是在施工场地范围内,利用地形图以一定间距绘出断面图,分别求出各断面由设计高程线与断面曲线(地面高程线)围成的填方面积和挖方面积,然后计算每相邻断面间的填(挖)方量,分别求和即为总填(挖)方量。

如图 4-49 所示,若地形图比例尺为 1∶1 000,欲在矩形范围内修建一段道路,其设计高程为 47 m。为了求土石方量,先在地形图上绘出相互平行、间隔为 d(一般实地距离为 20~40 m)的断面方向线,如 1-1、2-2、…、6-6;按一定比例尺绘出各断面图(纵、横轴比例尺应一致,常用的比例尺为 1∶100 或 1∶200),并将设计高程线展绘在断面图上(见图 4-49 中 1-1、2-2 断面);然后在断面图上分别求出各断面设计高程线与断面图所包围的填土面积 ATi 和挖土面积 AWi(i 表示断面编号),最后计算两断面间土石方量。例如,1-1 和 2-2 两断面间的土石方量为

填方量

$$V_{T(1-2)} = \frac{1}{2} \times (A_{T1} + A_{T2}) \times d$$

挖方量

$$V_{W(1-2)} = \frac{1}{2} \times (A_{W1} + A_{W2}) \times d$$

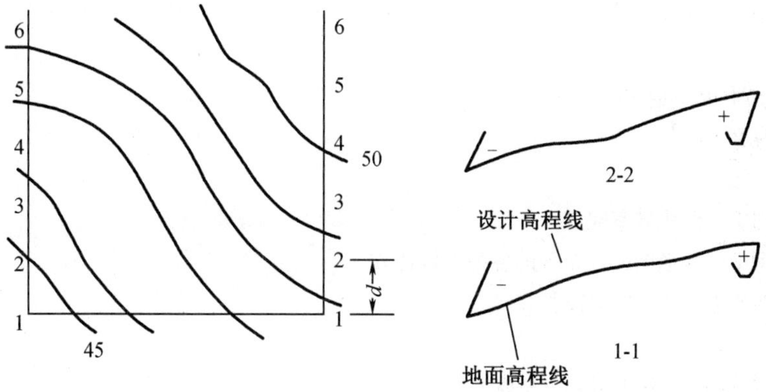

图 4-49　断面法计算土石方量

同法依次计算出每两相邻断面间的土石方量,最后将填方量和挖方量分别累加,即得总的土石方量。

上述三种土石方估算方法各有特点,应根据场地地形条件和工程要求选择合适的方法。当实际工程土石方估算精度要求较高时,往往要到现场实测方格网图(方格点高程)、断面图或地形图。随着计算机的普及使用,土石方量的计算可采用计算机编程完成,也可利用现有的专业软件,根据实地测定的地面点坐标和设计高程,快速、准确地计算指定范围

内的填、挖土石方量,并给出填挖边界线。

三、任务实施

(一)准备工作

准备工具:地形图 1 张,直尺、圆规、图纸、计算器各 1。

(二)任务实施

(1)根据地形图确定点的坐标、高程。

(2)根据地形图确定直线的方向、距离、坡度。

(3)确定一条路线的地面高程,绘制纵断面图。

(4)确定汇水面积。

(5)计算图形面积。

(6)根据地形图平整场地,计算土方量。

四、任务工作单(表 4-6)

表 4-6 任务工作单

学习情境:大比例尺地形图测绘	班级		日期	
	姓名			
工作任务:地形图应用	学号		评分	

1. 任务内容

(1)地形图的各种工程应用和计算。

(2)利用地形图指导施工和设计。

2. 基本知识

(1)地形图的 10 种基本应用。

(2)地形图的深度识图。

3. 任务实施

(1)本任务在理实一体化教室完成。

(2)小组根据手中的地形图完成布置的各种工作任务。

(3)组与组之间要多交流,共同探讨。

4. 任务小结

通过此工作任务的实施,各小组集中完成下述工作。

(1)你认为本次教学是否达到预期目的,还有什么意见和建议?

(2)如下图所示,为某一地区的等高线地形图,图中单位为 m,试用解析法解决下列问题:

a. 求 AB 两点的坐标及 AB 连线的方位角。

b. 求 C 点的高程及连线的坡度。

c. 从 A 点到 B 点定出一条地面坡度 $i=5.0\%$的路线

表 4-6(续)

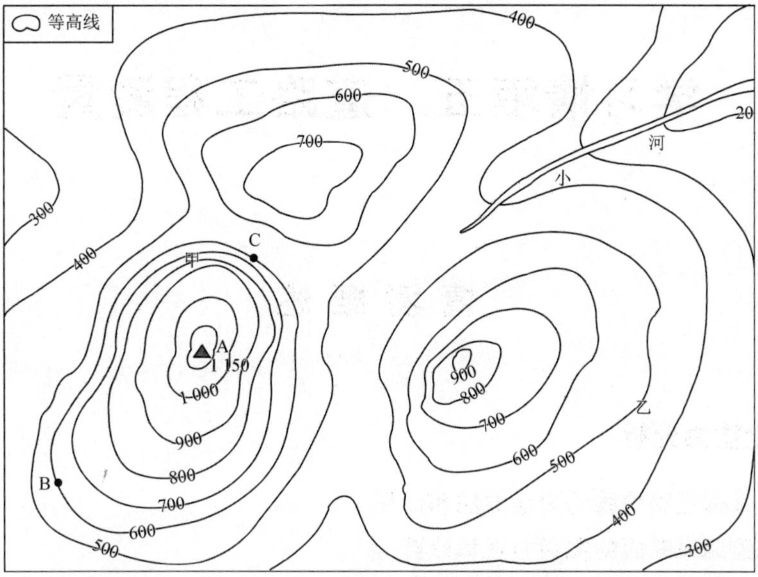

(3)根据下图所示等高线地形图,沿图上 *AB* 方向按图下已画好的高程比例,做出地形断面图。

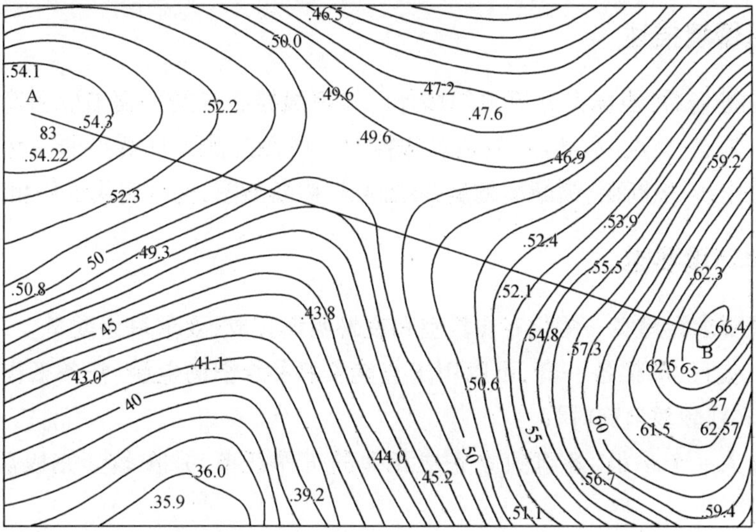

(a)

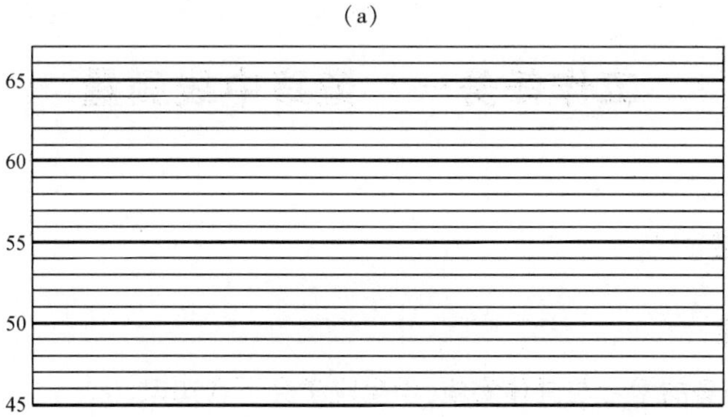

(b)

学习情境五　道路工程测量

情境概述

一、职业能力分析

(1)熟练掌握道路中线的测量方法和计算。

(2)熟练道路纵断面的测量方法和计算。

(3)熟练掌握道路横断面的测量方法。

二、学习情境描述

施工单位进场后,根据甲方提供的场外已知高级控制点的平面坐标和高程,布设道路的附和导线控制点、交点、水准点,利用已知控制点的数据测出这些点的坐标数据和高程,随后进行道路中线、纵断面,横断面测量并绘制纵、横断面图,完成道路工程测量。

三、教学环境要求

学习情境要求在理实一体化专业教室和室外实训完成,要求每组配备全站仪、棱镜、水准仪、水准尺、皮尺、脚架各一套,可以用于查询资料和绘图的电脑、任务工作单、多媒体教学设备、课件和视频教学资料等。

学生每6人一个小组,各组独立完成相关的工作任务,并在教学完成后提交任务工作单。

工作任务一　道路中线测量

一、任务概述

(一)应知应会

通过本工作任务的学习与具体实施,学生应学会下列知识。

(1)道路中线测量的内容和计算。

(2)道路中线的测设方法。

通过本工作任务的学习与具体实施,学生应掌握下列技能。

(1)道路中桩的测设内容和方法。

(2)平曲线的各种测设和计算。

(3)能熟练绘制道路平面图。

(二)学习要求

(1)学生在上课前,应到本课程的网站中预习本工作任务的相关内容。

(2)本课程采用理实一体化的模式组织教学,学生在学习过程中,要注重理论与实践的结合,提高自己的动手能力。

(3)每个工作任务学习结束后,学生应独立完成任务工作单的填写。

二、相关知识

(一)基本知识

公路一般由路基、路面、桥涵、隧道及各种附属设施等构成。

公路路线以平、直最为理想。但实际上,公路的平面线形受到地物、地貌、水文、地质及其他等因素的限制而使路线方向发生了改变。为保证行车舒适、安全,并使路线具有合理的线型,在直线转向处必须用曲线连接起来,这种曲线称为平曲线。所以公路线形是由直线和平曲线相互衔接而成的。平曲线包括圆曲线和缓和曲线两种。

公路工程路线测量包括路线中线测量、纵断面测量和横断面测量等。而本任务讲述路线的中线测量,公路的纵断面和横断面测量将分别在后面任务中讲解。

公路中线测量就是通过直线和曲线的测设,将道路中心线的平面位置用木桩具体地标定在现场上,并测定路线的实际里程。根据其测量的特点,中线测量一般分两组进行,测角组和中桩组:测角组主要测定路线的交点、转点和转角;中桩组主要通过直线和曲线的测设,在现场上用木桩标定路线中心线的具体位置,并测定出路线的实际里程。中线测量是公路工程测量中关键性的工作,它是测绘纵、横断面图和平面图的基础,是公路设计、施工和后续工作的依据。

(二)公路的平面线型组合

公路的平曲线是由圆曲线和缓和曲线组成。缓和曲线我国采用回旋线形式。

当直线、圆曲线、回旋线相互组合连接时,就形成六种线形组合:简单型、基本型、S 型、卵型、凸型、C 型,如图 5-1 所示。

(三)路线的定线测量

要进行公路中线的测量就必须先进行定线测量,即在现场标定交点和转点。

1. 交点的测设

公路路线的转折点称为交点,用 JD 表示。对于一般低等级的公路,通常采用一次定测的方法直接放线,在现场标定交点位置。对于高等级的公路或地形复杂的地段,需在带状地形图上进行纸上定线,然后把纸上定好的路线放到路面上,一般采用以下两种方法进行标定。

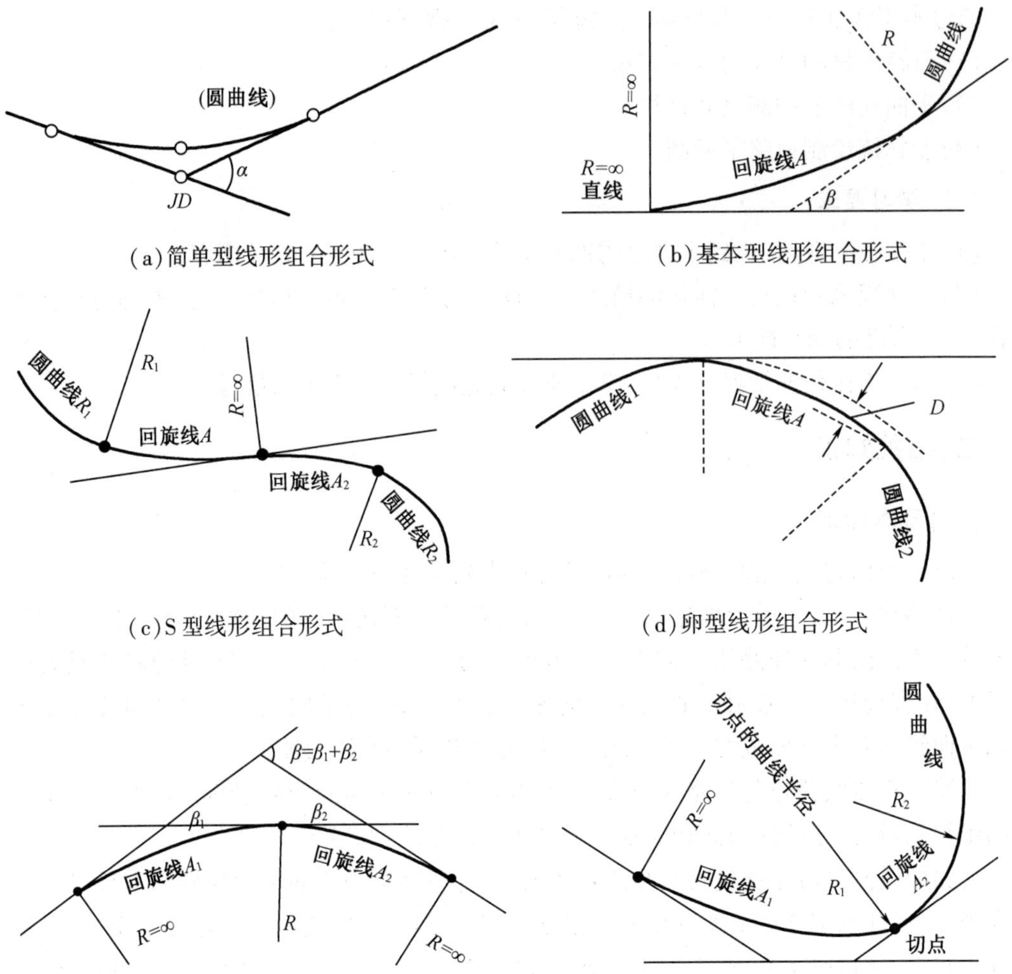

(a)简单型线形组合形式 (b)基本型线形组合形式

(c)S型线形组合形式 (d)卵型线形组合形式

(e)凸型线形组合形式 (f)C型线形组合形式

图 5-1 平面线形的组合形式

(1)放点穿线法

①准备数据。如图 5-2 所示,从测图导线点Ⅰ、Ⅱ、Ⅲ、Ⅳ……出发作导线边和垂线,它们与路线设计中线(即路线导线)交于 P_1、P_2、P_3、P_4……等点。在图上量取各垂线的长度 d_1、d_2、d_3……,直角和垂线长度就是放线所需要的数据。

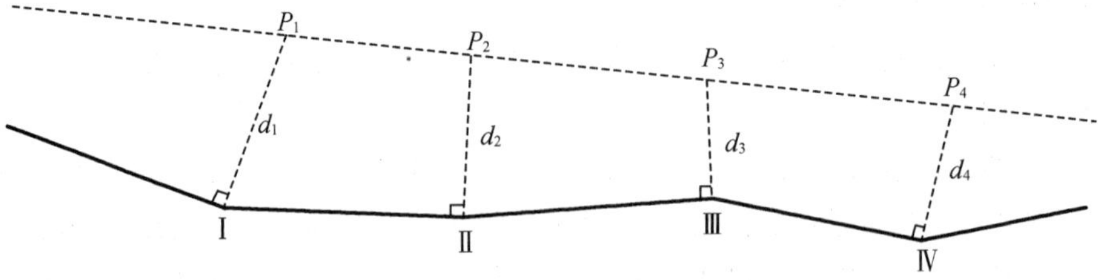

(a)

图 5-2 穿线交点法数据准备

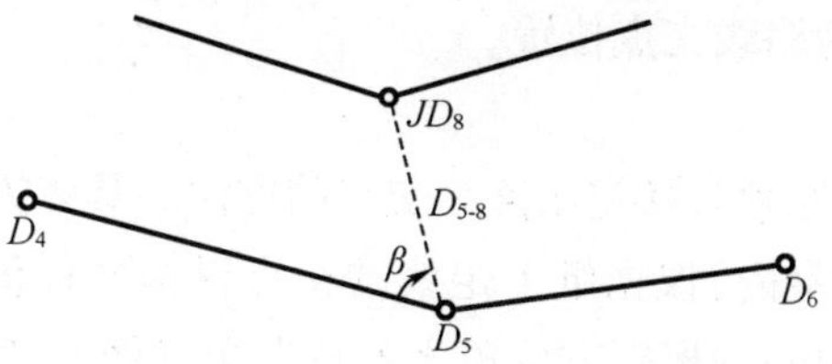

(b)

图 5-2(续)

有时为了穿线时通视的需要,在中线通过高地的地方拟定一点 JD_8,这时可以从图上量取角度 β 和距离,用极坐标法从导线点 D_5 放出 JD_8 点。

②放临时点。实地在导线点上设置直角并按相应的垂线长度量距,即可标出一系列临时性的 N_2、N_3、N_4……点,为了检查和比较,相邻交点间的直线上至少要放三个点。如果垂距较短,可以用方向架设置直角,如果垂距较长,宜用经纬仪设置直角。

③穿线。由于图解量取的放线数据不准确和测量误差的影响,同一直线边上的临时点往往不在一条直线上,因此要利用经纬仪定出一条尽可能多的穿线或靠近临时点的直线,这一步工作称穿线。然后在地势较高、通视良好的直线位置设转点桩将直线标定出来(如图 5-3(a)所示的 A 和 B),同时清除原来的临时桩。

④交点。相邻两直线经穿线在实地标定后,如果通视良好,即可直接延长直线进行交会定点。如图 5-3(b)所示,A、B、C、D 是穿线时标定的转点桩,将经纬仪安置于 B 上,盘左照准后视点 A,倒转望远镜,沿视线方向在交点概略位置前后打下两桩 a_1、b_1(称为骑马桩),并用铅笔在桩顶分别标出其中心位置,盘右位置仍照准 A,倒转望远镜,在骑马桩 a_2、b_2 上标出其中心位置。取 a_1 与 a_2 的中点 a 和 b_1 与 b_2 的中点 b 作为骑马桩的使用点位(如图 5-3(b)),这种延长直线的方法称为正倒镜分中法。

(a)穿线交点法穿点

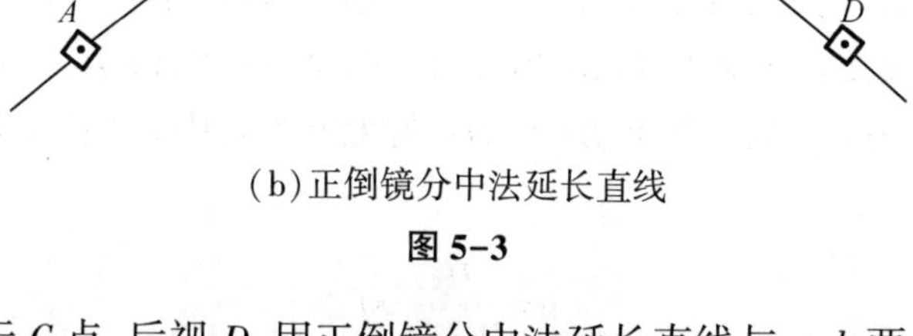

(b)正倒镜分中法延长直线

图 5-3

将经纬仪安置于 C 点,后视 D,用正倒镜分中法延长直线与 a、b 两点连线相交,在相交处打桩标定点位，此点即为路线交点位置。

(2)拨角放线法

这是一种按极坐标法原理直接定出路线交点的方法。具体方法如下：

①准备放线数据。在室内，根据纸上定线的交点纵横坐标值，用坐标反算的方法计算相邻交点间的距离和方位角，并根据方位角之差算出交点处的转角。放线的起算数据(β_0、S_0)可根据测图导线点的坐标值和第一个待放交点的坐标值反算求得。

如图 5-4 示，测图导线点(D_1、D_2)作为放线的起算点，其坐标值是已知的，交点 JD_1、JD_2、JD_3…为待放点，其坐标值已在纸上定线时确定。通过坐标反算可推算其放线数据为：β_0、S_0、β_1、S_1、β_2、S_2……

②实地放点。在导线点 D_1 安置经纬仪，后视 D_2，拨角 β_0 并量距 S_0 得交点 JD_1；将经纬仪移至 JD_1，后视 D_1，拨角 β_1 并量距 S_1 得交点 JD_2；按同样的方法可定出其他各交点 JD_3、JD_4……

为进行检核和防止误差积累，放出几个交点后应与近旁的测图导线点联测一次(如图 5-4 所示在交点 JD_3 处与导线点 D_3 联测)。如果联测计算的闭合差在限差之内，一般可不做闭合差调整，但需以联测导线点作为新的起算点，重新计算起算数据再继续放线，这样可有效地截断误差积累。

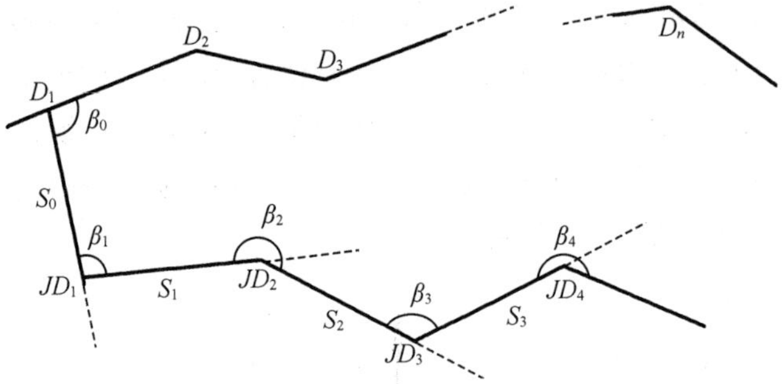

图 5-4 拨角放线法

由于相邻交点间的距离往往很长，因而在放线过程中需要采用正倒镜分中法延长直线，并在直线上适当的地方钉设必要的转点桩。应用正倒镜分中法延长直线时，其后视点不宜太近，一般以 100 m~200 m 为宜。

2. 转点的测设

在相邻交点间距离较远或不通视的情况下，需在其连线上测设一些供放线、交点、测角、量距时照准之用的点，这样的点称为转点，其测设方法如下。如图 5-5 所示，JD_1、JD_2 为相邻不通视的交点，ZD'为初定转点，现欲在不移动交点的条件下精确定出转点 ZD，具体方法是这样的：将经纬仪安置于 ZD'，后视 JD_1，用正倒镜分中法得 JD_2'，用视距法测定前后交点与 ZD'的视距分别为 D_1、D_2。如果 JD_2'与 JD_2 的偏差为f，则 ZD'应横移的距离 e 可用下式计算：

$$e=\frac{D_1}{D_1+D_2}\times f \tag{5-1}$$

按计算值 e 移动 ZD'定出 ZD,然后将仪器移至 ZD,检查 ZD 是否位于两交点之连线上,如果偏差在容许范围内,则 ZD 可作为 JD_1 与 JD_2 间的转点。

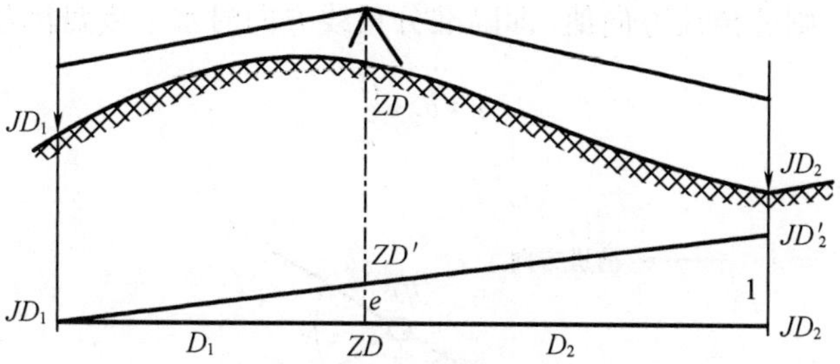

图 5-5　转点测设

(四)路线转角的测定和里程桩的设置

1. 路线转角的测定

公路中线测量一般分为测角组和中桩组。测角组的工作主要是测定路线的转角点(交点)和转角。所谓转角是指路线由一个方向偏转为另一个方向时,偏转后的方向与原方向的夹角,常以 α 表示。如图 5-5 所示。转角有左转、右转之分,按路线前进方向,偏转后的方向在原方向的左侧称为左转角,以 α 左(αz)表示;反之为右转角以 α 右(αy)表示。转角是在路线转弯处设置平曲线的必要元素,通常是观测路线前进方向的右角 β,通过计算而得到。

(1)路线右角的观测

按路线的前进方向,以路线中心线为界,在路线右侧的水平角称为右角,常用 β 表示。如图 5-6 中所示的 β_1 和 β_2。在中线测量中,一般是采用测回法测定。上、下两个半测回所测角值的不符值视公路等级而定:高速公路、一级公路为±20″;二级及二级以下的公路为±40″。如在容许范围内,可取两个半测回的平均值作为最后结果。

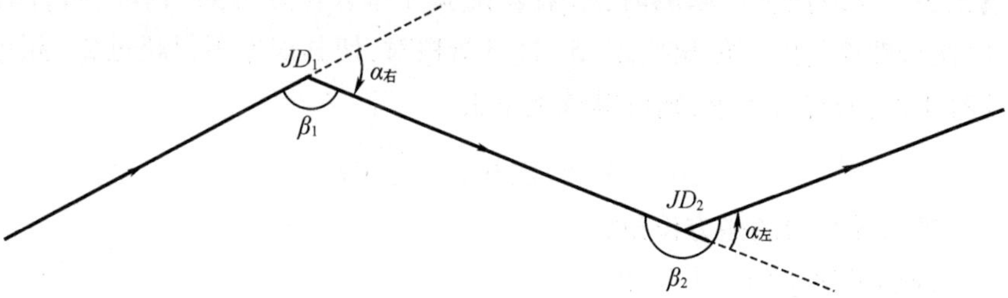

图 5-6　路线转角

(2)转角的计算

当右角 β 测定以后,根据 β 值计算路线交点处的转角 α。当 $\beta<180°$时为右转角(路线向右转)。当>180°时为左转角(路线向左转),左转角和右转角按下式计算:

$$\alpha_{右}=180°-\beta \quad \beta<180°$$
$$\alpha_{左}=\beta-180° \quad \beta>180° \tag{5-2}$$

（3）分角线方向的标定

由于测设平曲线的需要，测角组同时要在路线设置曲线的一侧把分角线的方向标定出来，在右角测定后，如图 5-7 所示，测定 β 后，仪器处于盘右，瞄准前视 ZD 的状态，设此时水平度盘的读数为 b_2，则分角线方向值（即瞄准分角线方向时水平度盘读数）应为

$$c=b_2+\frac{\beta}{2} \tag{5-3}$$

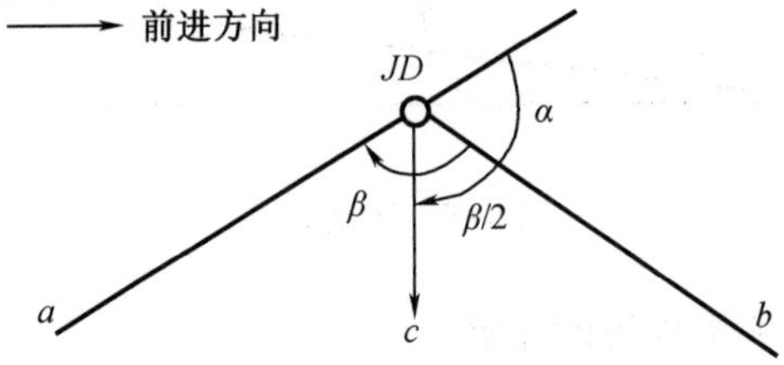

图 5-7　分角线方向的标定

转动仪器的照准部，在读数窗找到这一读数，此时望远镜方向即为分角线方向，在此方向上钉桩即标定分角线方向。

对于左转角应将式（5-3）的计算值加上 180°为分角线的方向值，也可采用式（5-3）计算值再反转望远镜，在设置曲线一侧定出分角线方向。

（4）测定后视方向的距离

在中线测量中，为防止丈量距离时的错误，要求测角组还要用视距测量的方法（或测距仪、全站仪）测定两交点（转点）间的距离，作为中桩组量距时校核用。

当交点间距离较远时，为了保证测量精度，可在中间加点采取分段测距方法。

（5）磁方位角的观测与推算

为了保证测角的精度，测角组还需进行路线角度闭合差的校核，当路线导线与高级控制点连接时，可按附合导线的计算方法计算角度闭合差，如在限差内，则可进行闭合差的调整。当路线无法与高级控制点联测时，一般来说应在每天作业开始与收工时，测磁方位角至少一次，以便与推算的磁方位角按式（5-4）进行核对，使其误差不得超过 2°，超过限差，要查明原因及时纠正，若符合要求，则可继续测下去。

$$A_i = A_0 + \sum \alpha_{右} - \sum \alpha_{左} \tag{5-4}$$

式中　A_i—— 推算导线边的磁方位角；

A_0—— 起始导线边的磁方位角；

$\sum \alpha_{右}$ —— 计算导线边以前所有右转角之和；

$\sum \alpha_{左}$ —— 计算导线边以前所有左转角之和。

2. 里程桩的设置

为了确定路线中线的位置和路线的长度，满足纵、横断面测量的需要以及为以后路线施工放样打下基础，必须由路线的起点开始每隔一段距离钉设木桩标志，称为里程桩。里程桩亦称中桩，桩点表示路线中线的具体位置。桩的正面写有桩号，桩的背面写有编号，桩

号表示该点至路线起点的里程数。如某桩点距路线起点的里程为 1 452.98 m,则桩号记为 K1+452.98。编号是反映桩间的排列顺序,是用 0 至 9 为一组循环进行。

里程桩分为整桩和加桩两种。

(1)整桩

在直线上和曲线上,其桩距按表 5-1 所列的要求桩距而设的桩称为整桩。它的里程桩号均为整数,且为要求桩距的整倍数。

表 5-1　中桩间距

直线/m		曲线/m			
平原微丘区	山岭重丘区	不设超高的曲线	$R>60$	$30<R<60$	$R<30$
≤50	≤25	25	20	10	5

注:①表中 R 为曲线半径。

当量距每至百米及千米时,要钉设百米桩及公里桩。

(2)加桩

加桩又分为地形加桩、地物加桩、曲线加桩、地质加桩、断链加桩和行政区域加桩等。

①地形加桩:沿中线地地面起伏突变处,横向坡度变化处以及天然河沟处等均应设置的里程桩。

②地物加桩:沿中线在用人工构造物处(如拟建桥梁、涵洞、隧道、挡土墙等构造物处;路线与其他公路、铁路、渠道、高压线、地下管道等交叉处、拆迁建筑物处、占用耕地及经济林的起终点处)均应设置的里程桩。

③曲线加桩:曲线上设置的起点、中点、终点桩。

④地质加桩:沿路线在土质变化处及地质不良地段的起、终点处要设置的里程桩。

⑤断链加桩:由于局部改线或事后发现距离错误等,致使路线的里程不连续,桩号与路线的实际里程不一致,为说明该情况而设置的桩。

⑥行政区域加桩:在省、地(市)、县级行政区划分界处应加桩。

在书写曲线加桩和交点桩以转点桩等桩时,应在桩号之前,加写其缩写名称。目前我国公路上采用汉语拼音的缩写名称,见表 5-2。

表 5-2　路线主要标志桩名称表

标志桩名称	简称	汉语缩写	英文缩写	标志桩名称	简称	汉语缩写	英文缩写
转角点	交点	JD	IP	公切点		GQ	CP
转点		ZD	TR	第一缓和曲线起点	直缓点	ZH	TS
圆曲线起点	直圆点	ZY	BC	第一缓和曲线终点	缓圆点	HY	SC
圆曲线中点	曲中点	QZ	MC	第二缓和曲线起点	圆缓点	YH	CS
圆曲线终点	圆直点	YZ	BC	第二缓和曲线终点	缓直点	HZ	ST

钉桩时,对于交点桩、转点桩、距路线起点每隔500 m处的整桩、重要地物加桩及曲线起点、中点、终点桩等均应打下断面为6 cm×6 cm的方桩,桩顶露出地面约2 cm,在桩顶钉一小钉表示点位,如图5-8所示。在距方桩20 cm左右设置指示桩,如图8-7所示,指示桩上写有方桩的名称、桩号及编号。在直线上指示桩应打在路线的同一侧。交点桩的指示桩应钉在圆心和交点连线方向的外侧,字面朝向交点。曲线主点桩的指示桩均钉在曲线外侧,字面朝向圆心,其余里程桩一般多用1.5~2 cm×5 cm×30 cm的板桩或竹桩,一半露出地面,以便书写桩号与编号,钉桩时字面一律向着路线起点方向,除百米桩和公里桩要写明km外,其余桩可不写km数。

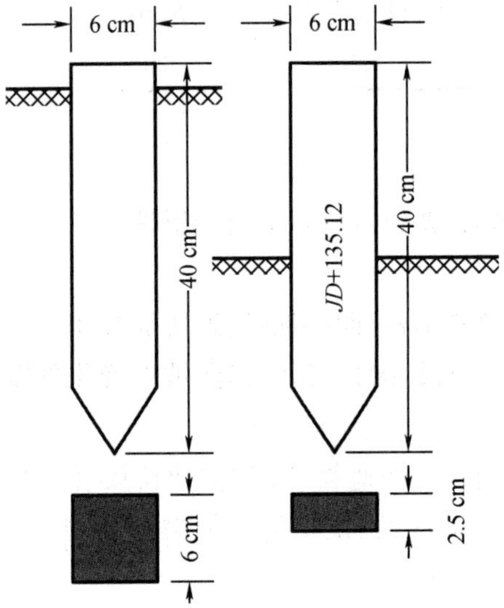

图5-8　桩位标志图

(五)圆曲线测设

圆曲线是由一定半径的圆弧构成,它是路线弯道中最基本的平曲线形式。圆曲线的测设是先定出曲线上起控制作用的曲线主点,然后在主点的基础上进行详细测设,加密曲线上的细部点,完整地标出曲线的平面位置。

1. 圆曲线的主点测设

设在交点 JD 处相邻两直线边与半径为 R 的圆曲线相切,其切点 ZY 和 YZ 称为曲线的起点和终点;分角线与曲线相交的交点 QZ 称为曲线中点,如图5-9所示,它们统称为圆曲线主点,其位置是根据曲线要素确定的。

(1)圆曲线要素及计算:

α 与 R 是确定曲线形状的基本要素,根据它们可计算以下4个要素,由图5-9可以看出切线长为

$$T=R\cdot \mathrm{tg}\,\frac{\alpha}{2} \tag{5-5}$$

曲线长为

$$L=R\cdot\alpha\frac{\pi}{180^{\circ}} \tag{5-6}$$

外距为

$$E=R(\sec\frac{\alpha}{2}-1) \tag{5-7}$$

切曲差为

$$D=2T-L \tag{5-8}$$

式中 α——偏角(又称转折角);

R——圆曲线半径。

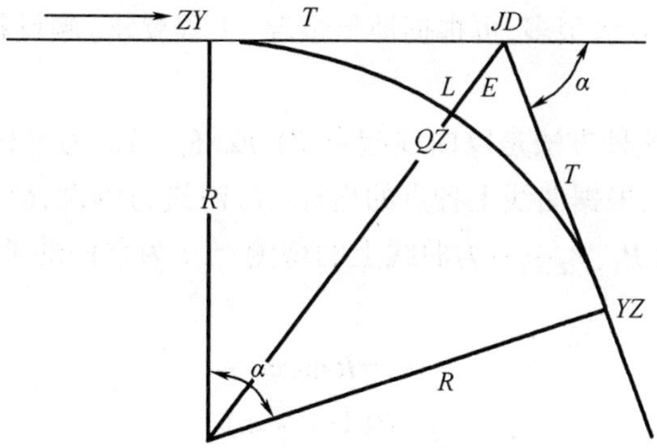

图 5-9 圆曲线的主点要素

(2)主点里程计算

交点 *JD* 的里程已由中线丈量时获得。由于中线并不经过交点,故曲线中点 *QZ* 和终点 *YZ* 的里程,必须由起点 *ZY* 的里程沿曲线长度推算,其计算式如下:

JD

-)*T*

ZY

+)*L*

YZ

-)*L*/2

QZ

+)*D*/2

JD (校核)

(3)主点测设

从交点沿后视方向,量取切线长 *T*,可得曲线起点 *ZY*;从交点沿前视方向量取切线长 *T*,可得曲线终点 *YZ*。最后沿分角线方向量取外距 *E*,即得曲线中点 *QZ*。在测设主点上的控制桩时应进行校核,并保证一定的精度。

2. 圆曲线的详细测设

在地形平坦,曲线长小于 40 m,测设圆曲线的三个主点已能满足要求。如果曲线较长,地形变化较大,这时除测设三个主点和地形、地物加桩外,为了满足曲线线型和工程施工的需要,在曲线上还需测设一定桩距的细部点,称为曲线的详细测设。对于曲线详细测设的桩距规定,一般为 20 m 设置一点。当地势平坦且曲线半径大于 800 m 时,桩距可加大为 40 m;当半径小于 100 m 时,桩距不应大于 10 m;半径小于 30 m 或用回头曲线时,桩距不应大于 5 m。

按桩距 l_0 在曲线上设桩,通常有两种方法:

(1)整桩号法 将曲线上靠近起点(*ZY*)的第一个桩的桩号凑整成为大于 *ZY* 点桩号的 l_0 的最小倍数的整桩号,然后按桩距 l_0 连续向曲线终点 *YZ* 设桩。这样设置的桩号为整桩号。

(2)整桩距法 从曲线起点 *ZY* 或终点 *YZ* 开始,分别以桩距 l_0 连续向曲线中点 *QZ* 设桩。由于这样设置的桩均为零桩号,因此应注意加设百米桩和公里桩。

圆曲线的详细测设方法很多,可根据地形情况、工程要求、测设精度等灵活采用。下面介绍几种常用的方法。

(1)切线支距法。这种方法是以曲线起点 *ZY* 或终点 *YZ* 为坐标原点,以切线为 *X* 轴,以过原点的半径为 *Y* 轴,根据曲线上各点的坐标(*X*,*Y*)进行测设,故又称直角坐标法。

如图 5-10 所示,设 P_1、P_2……为曲线上的待测点,l 为它们的桩距(弧长),其所对的圆心角为 φ,由图可以看出:

$$x=R\sin\varphi$$
$$y=R(1-\cos\varphi) \tag{5-9}$$

其中,$\varphi=\dfrac{l}{R}\cdot\dfrac{180^\circ}{\pi}$。

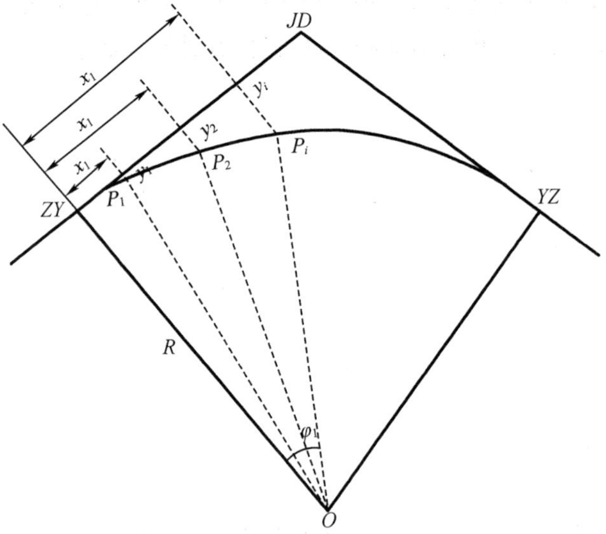

图 5-10 切线支距法测设圆曲线

测设时,为了避免支距 y 过大,一般由曲线两端向中间设置,其步骤如下:首先沿切线方向,由 *ZY* 或 *YZ* 开始用卷尺量取 x 值,得到垂足点;在各垂足点作垂线方向,量取 y 值,即可定出曲线点 P。垂线方向可用方向架或经纬仪定出,当 y 值小于 1 m 时,可目估确定。在测设时，可量取相邻各点的弦长进行校核。

这种方法适用于平坦开阔地区，偏角不大的曲线，具有误差不累积的优点。当偏角较大时，y 值也增大，若地面又不平，不仅丈量困难，而且影响点位的精度。为此，可采用以 QZ 为界，将整个曲线分成两半，分别从 ZY、YZ 向 QZ 点进行测设。

【例 1】 设某交点 JD 里程为 K2+968.43，圆曲线半径 $R=200$ m，测得其右偏角 α 为 34°12′00″，计算各要素和各主点桩号。采用切线支距法并按整桩号设桩，试计算各桩坐标。

计算曲线要素 $T=200\times \text{tg}\ 17°06'00''=61.53$ (m)

$$L=200\times 34°12'00''\times\frac{\pi}{180°}=119.38\ (\text{m})$$

$$E=200(\sec 17°06'00''-1)=9.25(\text{m})$$

$$D=2\times 61.53-119.38=3.68\ (\text{m})$$

计算各主点的桩号。

JD	K2+968.43
−) T	61.53
ZY	K2+906.90
+) L	119.38
YZ	K3+026.28
−) $L/2$	59.69
QZ	K2+966.59
+) $D/2$	1.84
JD	K2+968.43（计算无误）

计算该曲线上各个中桩的坐标。见表 5-3。

表 5-3　切线支距法坐标计算表

桩号	桩点至曲线起(终)点的弧线长/m	$x=R\sin\varphi$/m	$y=R(1-\cos\varphi)$/m
ZY K2+906.90	0	0	0
+920	13.10	13.09	0.43
+940	33.10	32.95	2.73
+960	53.10	52.48	7.01
QZ K2+966.59	59.69	58.81	8.84
+980	46.28	45.87	5.33
K3+000	26.28	26.20	1.72
+020	6.28	6.28	0.10
YZ K3+026.280	0	0	0

(2)偏角法。是以曲线起点 ZY 或终点 YZ 至曲线任一点 P_i 的弦线与切线 T 之间的弦

切角(这里称为偏角)Δ_i 和弦长 c_i 来确定 P_i 点的位置。

如图 5-11 所示,根据几何原理,偏角 Δ_i 等于相应弧长所对的圆心角 φ_i 的一半,即

$$\Delta_i=\frac{\varphi_i}{2}$$

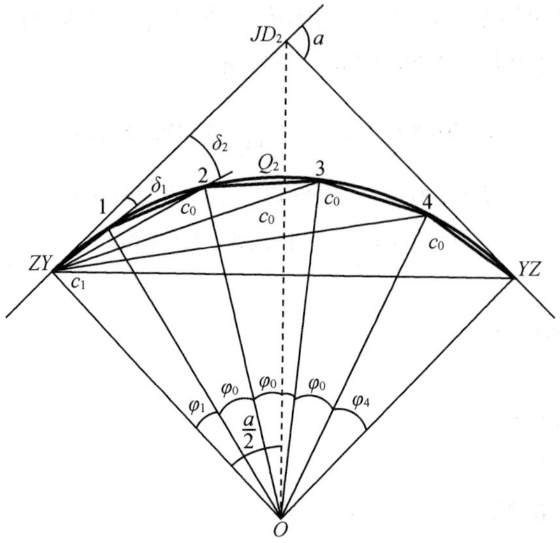

图 5-11 偏角法测设圆曲线

弦长 c 可按下式计算:

$$C=2R\sin\frac{\varphi}{2}=2R\sin\Delta \tag{5-10}$$

用偏角法测设圆曲线的细部点,因测设距离的方法不同,分为长弦偏角法和短弦偏角法两种。前者测设测站至细部点的距离(长弦),适合于用经纬仪加测距仪(或用全站仪);后者测设相邻细部点之间的距离(短弦),适合于用经纬仪加钢尺。

偏角法不仅可以在 ZY 点上测设曲线,而且还可在 YZ 或 QZ 点上测设。也可以在曲线上的任一点进行测设。这是一种测设精度较高,适用性较强的常用方法。但在用短弦偏角法时存在测点误差累积的缺点,所以宜从曲线两端向中点或由中点向两端测设曲线。

【例 2】 仍以例 1 为例,采用偏角法按整桩号设桩,计算各桩的偏角和弦长。

设曲线由 ZY 点向 YZ 点测设,计算见表 5-4。

表 5-4 偏角法测设圆曲线计算表

桩号	桩点至 ZY 点的弧长/m	偏角值 /(° ′ ″)	桩点至曲线起点(ZY)的弦长/m	相邻两桩点间的弦长/m
ZYK2+906.90	0	0 00 00	0	0
+920	13.1	1 52 35	13.10	13.10
+940	33.10	4 44 28	33.06	19.99

表 5-4(续)

桩号	桩点至 ZY 点的弧长/m	偏角值 /(° ′ ″)	桩点至曲线起点(ZY)的弦长/m	相邻两桩点间的弦长/m
+960	53.10	7 36 22	52.94	19.99
QZK2+966.59	59.69	8 33 00	59.47	6.59
+980	73.10	10 28 15	72.69	13.41
K3+000	93.10	13 20 08	92.26	19.99
+020	113.10	16 12 01	111.60	19.99
YZ K3+026.28	119.38	17 06 00	117.62	6.28

(六)虚交

由于受地物和地貌条件的限制,在圆曲线测设中,往往遇到各种各样的障碍,使得圆曲线的测设不能按前述方法进行,此时必须针对现场的具体问题,提出解决办法。

虚交是指路线的交点(JD)处不能设桩,更无法安置仪器(如交点落于河中、深谷下,峭壁上或建筑物内等),此时测角、量距无法直接按前述方法进行。有时交点可以设桩和安置仪器,但因转角较大,交点远离曲线,也可做虚交处理。

如图 5-12 所示,路线交点落入河里,不能设桩形成所谓的虚交点(JD),为此在曲线外侧沿两切线方向各选择一辅助点 A 和 B,将经纬仪分别置在 AB 两点测算 α_A 和 α_B,用钢尺往返丈量得到 AB 两点的距离,所测角度和距离均应满足规定的限差要求。

如图 5-12 可知:在由辅助点 A、B 和虚交点 JD 构成的三角形中,应用边角关系及正弦定理可得

$$\alpha=\alpha_A+\alpha_B \tag{5-11}$$

$$a=AB\frac{\sin\alpha_B}{\sin(180°-\alpha)}=AB\frac{\sin\alpha_B}{\sin\alpha} \tag{5-12}$$

$$b=AB\frac{\sin\alpha_A}{\sin(180°-\alpha)}=AB\frac{\sin\alpha_A}{\sin\alpha} \tag{5-13}$$

根据转角 α 和选定的半径 R,即可算得切线长 T 和曲线长 L,再由 a、b、T,计算辅助点 A、B 至曲线 ZY 点和 YZ 点的距离 t_1 和 t_2:

$$t_1=T-a \tag{5-14}$$

$$t_2=T-b \tag{5-15}$$

如果计算出的 t_1、t_2 出现负值,说明曲线的 ZY 点、YZ 点位于辅助点与虚交点之间。根据 t_1、t_2 即可定出曲线的 ZY 点和 YZ 点。A 点的里程量出后,曲线主点的里程亦可算出。

曲中点 QZ 的测设,可采用以下方法。

如图 5-12 所示,设 MN 为 QZ 点的切线,则

$$T'=R\tan\frac{\alpha}{4} \tag{5-16}$$

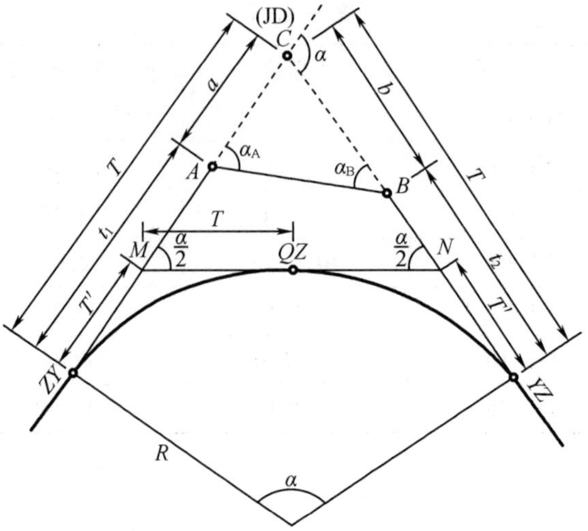

图 5-12　虚交

测设时由 ZY 和 YZ 点分别沿切线量出 T' 得 M 点和 N 点，再由 M 点或 N 点沿 MN 或 NM 方向量出 T' 即得 QZ 点。

曲线主点定出后，即可用切线支距法或偏角法进行曲线详细测设。

（七）复曲线的测设

在路线测设中，由于地形、地物等条件限制，转向相同的相邻交点间距离较短，若各自按要求的曲线半径独立设置曲线时，相邻曲线间剩有不符合标准的短直线，甚至会出现两曲线相邻端点交错现象，因此，测设时将两个或两个以上不同半径的同向曲线连接起来，即构成复曲线。复曲线比单曲线更容易适应地形的变化，通常在布设复曲线时，必须先选定受地形地物控制较严的那个曲线半径，该曲线称为主曲线；剩余的曲线则称为副曲线。副曲线的半径须根据主曲线半径和其他测量数据计算求出。

如图 5-13 所示，设 $A(JD_1)$、$B(JD_2)$ 为相邻两交点，AB 为切基线，$C(GQ)$ 为主曲线与副曲线相衔接的公切点，GQ 既是第一曲线的终点（YZ），又是第二曲线的起点（ZY），因此无缓和曲线时的复曲线即相当于两个不同半径的同向圆曲线直接相连的曲线。测设时可按单圆曲线测设的基本方法来设置复曲线。具体步骤如下：

（1）用经纬仪观测转角 α_1、α_2，用测距仪测定或用钢尺往返丈量 AB 基线长。

（2）根据选定的主曲线半径 R_1 和测得的 α_1，计算可得 T_1、L_1、E_1 和 D_1。

（3）由 R_1、T_1 和 α_2，推算 R_2。

由图知

$$T_2 = AB - T_1 \tag{5-17}$$

则

$$R_2 = \frac{T_2}{\operatorname{tg}\dfrac{\alpha_2}{2}} \tag{5-18}$$

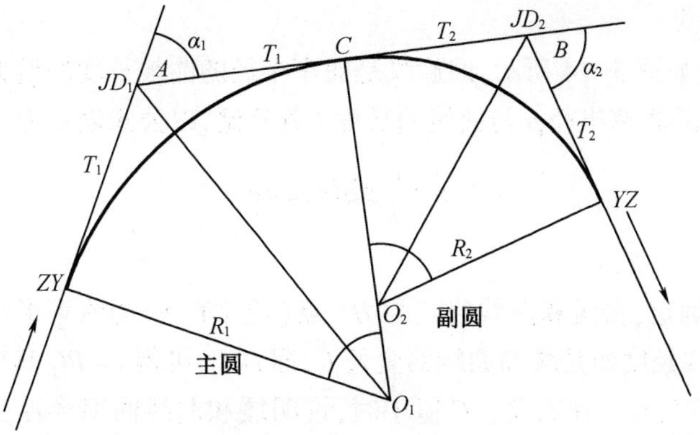

图 5-13　复曲线测设

(4)根据 R_2、α_2 计算可得 T_2、L_2、E_2 和 D_2。

(5)主点里程计算与测设。

主点里程计算如下。

$$
\begin{array}{l}
\quad JD_1 \\
\underline{-)\,T_1} \\
\quad ZY \\
\underline{+)\,L_1/2} \\
\quad QZ_1 \\
\underline{+)\,L_1/2} \\
\quad GQ \\
\underline{+)\,L_2/2} \\
\quad QZ_2 \\
\underline{+)\,L_2/2} \\
\quad YZ \\
\underline{-)\,(L_1+L_2)} \\
\quad ZY \\
\underline{+)\,T_1} \\
\quad JD_1 \qquad (\text{校核})
\end{array} \tag{5-19}
$$

主点测设与单圆曲线方法相同。

(八)缓和曲线测设

车辆在曲线上行驶,会产生离心力。由于离心力的作用,车辆将向曲线外侧倾倒,影响车辆的安全行驶和舒适感。为了减少离心力的影响,路面必须在平曲线处做外侧高内侧低,呈单向横坡形式,此即平曲线上的超高。在直线上超高为 0,在圆曲线上超高为 h,这就需要在直线与圆曲线之间插入一段曲率半径由无穷大逐渐变化至圆曲线半径 R 的曲线,使超高由零逐渐增加到 h,同时实现曲率半径的过渡,这段曲线称为缓和曲线。

缓和曲线可采用回旋线(亦称为辐射螺旋线),三次抛物线等线型。目前我国公路系统中,均采用回旋线作为缓和曲线。

1. 缓和曲线公式

(1) 曲率公式：如图 5-14 所示，回旋线是曲率半径随曲线长度的增大而减小的曲线，即在回旋线上任一点的曲率半径 ρ 与曲线的长度 l 成反比，以公式表示为

$$\rho=\frac{c}{l}\text{或者 }\rho l=c \tag{5-20}$$

c 值可按以下方法确定，在缓和曲线终点即 *HY* 点（或 *YH* 点）的曲率半径等于圆曲线半径，即 $\rho=R$，该点的曲线长度即是缓和曲线的全长 l_s，即 $l=l_s$，可得 $c=Rl_s$ 其中 c 为常数，表示缓和曲线半径的变化率，与车速有关。C 值小时，说明缓和曲线曲率半径变化得急，缓和曲线全长 l_s 就短；C 值大时，缓和曲线曲率半径变化得缓，缓和曲线全长 l_s 就长。《公路工程技术标准》中规定：除四级公路外，其他各等级的公路在半径不够大时都要设置缓和曲线。

(2) 切线角公式：如图 5-14 所示，设回旋线上任一点 P 的切线与起点 *ZH* 或 *HZ* 切线的交角为 β，该角值与 P 点至起点曲线长 l 所对的圆心角相等。在 P 处取一微分弧段 $\mathrm{d}l$，所对的圆心角为 $\mathrm{d}\beta$，于是

$$d\beta=\frac{\mathrm{d}l}{\rho}=\frac{l\mathrm{d}l}{c}$$

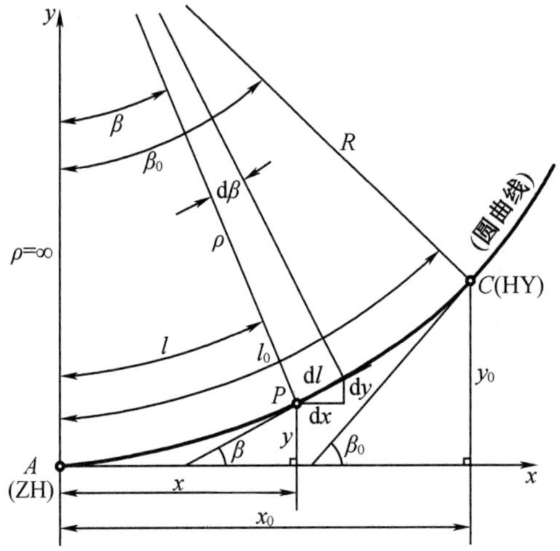

图 5-14　缓和曲线测设

积分得

$$\beta=\frac{l^2}{2Rl_s}$$

当 $l=l_s$ 时，β 以 β_0 表示，上式可写成：

$$\beta_0=\frac{l_s}{2R} \tag{5-21}$$

以角度表示则为

$$\beta_0=\frac{l_s}{2R}\cdot\frac{180°}{\pi} \tag{5-22}$$

β_0 即为缓和曲线全长 l_s 所对的圆心角即切线角，亦称为缓和曲线角。

(3)参数方程

如图 5-14 所示，设缓和曲线起点为原点，过该点的切线为 x 轴，半径为 y 轴，任取一点 P 的坐标为(x,y)，则微分弧段 dl 在坐标轴上的投影为

$$dx = dl \cdot \cos\beta$$

$$dy = dl \cdot \sin\beta$$

将上式中 $\cos\beta$、$\sin\beta$ 按级数展开，略去高次项得

$$x = l - \frac{l^5}{40R^2 l_s^2} \tag{5-23}$$

$$y = \frac{l^3}{6Rl_s} \tag{5-24}$$

上式称为缓和曲线的参数方程。

当 $l = l_s$ 时，得到缓和曲线终点坐标：

$$x_0 = l_s - \frac{l_s^3}{40R^2} \tag{5-25}$$

$$y_0 = \frac{l_s^2}{6R} \tag{5-26}$$

2. 平曲线带有缓和曲线的主点测设

(1)内移值 p 与切线增量 q

如图 5-15 所示，在直线与圆曲线之间插入缓和曲线时，必须将原有的圆曲线向内移动距离 p，才能使缓和曲线的起点位于直线方向上，这时切线增长 q。公路上一般采用圆心不动的平行移动方法，即未设缓和曲线时的圆曲线为 FG，其半径为($R+P$)；插入两段缓和曲线 AC 和 BD 后，圆曲线向内移，其保留部分为 CMD，半径为 R，所对的圆心角为($\alpha-2\beta_0$)。由图可知：

$$p = y_0 - R(1-\cos\beta_0)$$

$$q = x_0 - R\sin\beta_0$$

将上式中 $\cos\beta_0$、$\sin\beta_0$ 展开为级数，略去高次项，可得

$$p = \frac{l_s^2}{24R} \tag{5-27}$$

$$q = \frac{l_s}{2} - \frac{l_s^3}{240R^2} \tag{5-28}$$

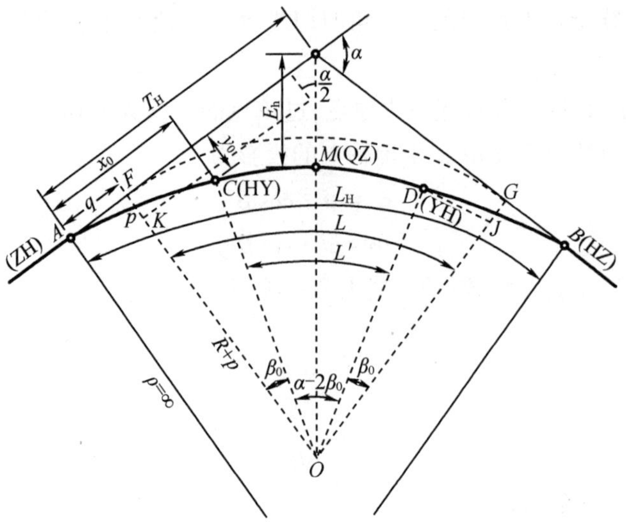

图 5-15　缓和曲线主点测设

(2)测设元素的计算

当测得转角 α,圆曲线半径 R 和缓和曲线 l_s 确定后,即可按下列公式计算曲线测设元素。

切线长

$$T_H=(R+P)\mathrm{tg}\frac{\alpha}{2}+q \tag{5-29}$$

曲线长

$$L_H=R(\alpha-2\beta_0)\frac{\pi}{180^\circ}+2l_s \tag{5-30}$$

其中圆曲线长

$$Ly=R(\alpha-2\beta_0)\frac{\pi}{180^\circ} \tag{5-31}$$

外距

$$E_H=(R+p)\sec\frac{\alpha}{2}-R \tag{5-32}$$

切曲差

$$D_H-2T_H—L_H \tag{5-33}$$

(3)主点里程的计算和测设

根据交点的里程和曲线测设元素,计算主点里程。

直缓点

$$ZH=JD-TH$$

缓圆点

$$HY=ZH+l_s$$

圆缓点

$$YH=HY+Ly$$

缓直点

$$HZ=YH+l_s$$

曲中点

$$QZ=HZ-\frac{L_H}{2}$$

交点

$$JD=QZ+\frac{D_H}{2}(\text{校核}) \tag{5-34}$$

主点 ZH、HZ 和 QZ 的测设方法，与圆曲线主点测设方法相同。HY 和 YH 点的确定，先计算 x_0、y_0，再用切线支距法测设，如图 5-14 所示。

3. 平曲线带有缓和曲线的详细测设

(1) 切线支距法

切线支距法是以直缓点 ZH 或缓直点 HZ 为坐标原点，以切线为 x 轴，过原点的半径为 y 轴，利用缓和曲线和圆曲线上各点的 x、y 坐标测设曲线。

在缓和曲线上各点的坐标可按缓和曲线参数方程式 5-23、5-24 计算，即

$$x=l-\frac{l^5}{40R^2l_s^2}$$

$$y=\frac{l^3}{6Rl_s}$$

圆曲线上各点坐标的计算公式可按图 5-16 写出：

$$\begin{aligned}x&=R\sin\varphi+q\\ y&=R(1-\cos\varphi)+p\end{aligned} \tag{5-35}$$

其中，$\varphi=\frac{l}{R}\cdot\frac{180°}{\pi}+\beta_0$，$l$ 为该点至 HY 或 YH 的曲线长，仅为圆曲线部分的长度。

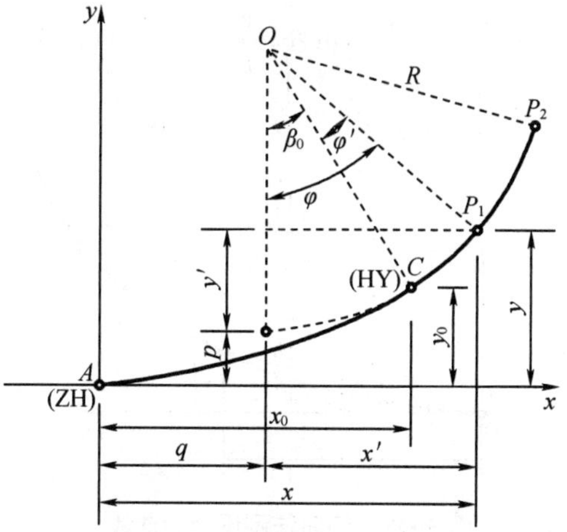

图 5-16　缓和曲线详细测设

在算出缓和曲线和圆曲线上各点的坐标后，即可按圆曲线切线支距法的测设方法进行

设置。

圆曲线上各点亦可以缓圆点 *HY* 和圆缓点 *YH* 为坐标原点用切线支距法进行测设，此时只要将 *HY* 或 *YH* 点的切线定出，如图 5-17 所示，计算出 T_d 之长，*HY* 或 *YH* 点的切线即可确定。T_d 由下式计算：

$$T_d = x_0 - \frac{y_0}{\operatorname{tg}\beta_0} = \frac{2}{3}l_s + \frac{l_s^3}{360R^2} \tag{5-36}$$

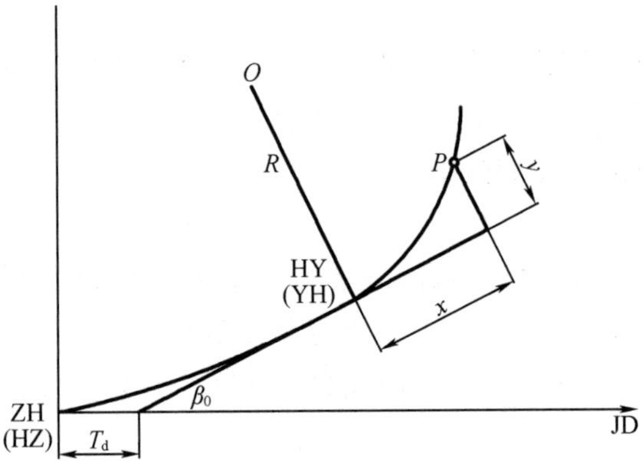

图 5-17　*HY*、*YH* 点位确定

（2）偏角法

用偏角法详细测设带有缓和曲线的平曲线时，其偏角应分为缓和曲线段上的偏角和圆曲线上的偏角两部分进行计算。

①缓和曲线段上各点的测设

缓和曲线上各点，可将经纬仪置于 *ZH* 和 *HZ* 点进行测设，如图 5-18 所示，设缓和曲线上任意一点 *P* 的偏角为 δ，*P* 点至 *ZH* 或 *HZ* 的曲线长为 l，其弦长近似与曲线长相等，亦为 l。由直角三角形得

$$\sin\delta = \frac{y}{l}$$

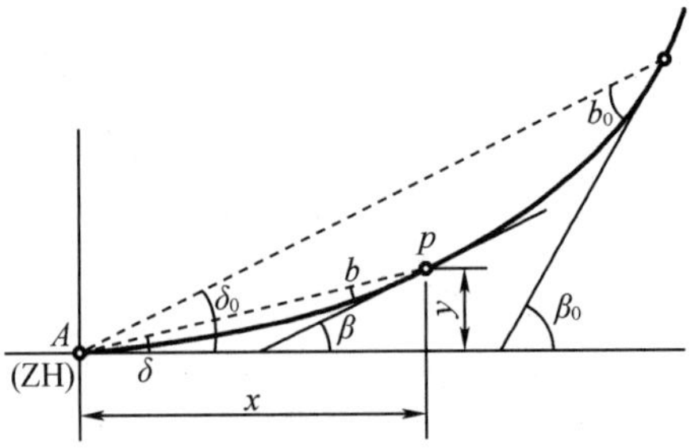

图 5-18　偏角法测设缓和曲线

因 δ 很小，则 $\sin\delta = \delta$。而 $y = \frac{l^3}{6Rl_s}$，则

$$\delta=\frac{l^2}{6Rl_s} \tag{5-37}$$

HY 或 *YH* 点的偏角 δ_0 为缓和曲线的总偏角。将 $l=l_s$ 代入式(5-37)得

$$\delta_0=\frac{l_s}{6R} \tag{5-38}$$

因

$$\beta_0=\frac{l_s}{2R}$$

则

$$\delta_0=\frac{1}{3}\beta_0 \tag{5-39}$$

将式(5-37)和式(5-38)相比,得

$$\delta=\left(\frac{l}{ls}\right)^2\delta_0 \tag{5-40}$$

由式(5-40)可知,缓和曲线上任一点的偏角,与该点至缓和曲线起点的曲线长的平方成正比。在按式(5-40)计算出缓和曲线上各点的偏角后,将仪器置于 *ZH* 或 *HZ* 点上,与偏角法测设圆曲线一样进行测设。由于缓和曲线上弦长:

$$c=l-\frac{l^5}{90R^2ls^2} \tag{5-41}$$

近似等于相对应的弧长,因而在测设时,弦长一般以弧长代替。

圆曲线上各点的测设须将仪器迁至 *HY* 或 *YH* 点上进行。这时只要定出 *HY* 或 *YH* 点的切线方向,就与前面所讲的无缓和曲线的圆曲线一样测设。关键是计算 b_0,如图 5-18,显然

$$b_0=\beta_0-\delta_0=3\delta_0-\delta_0=2\delta_0 \tag{5-42}$$

将仪器置于 *HY* 点上,瞄准 *ZH* 点,水平度盘配置在 b_0(当曲线右转时,配置为 $360°-b_0$),旋转照准部使水平度盘读数为 0°00′00″并倒镜,此时视线方向即为 *HY* 点的切线方向。

三、任务实施

(一)准备工作

(1)领取仪器:全站仪 1 套、棱镜杆 2 套、卷尺 1 个、记录板 1 块。

(2)场地布置:设计一条路线,含两个交点以上。

(二)实施过程

1. 主点测设

(1)根据场地选取适当半径 *R* 和转角 *a*,计算切线长 *T*、曲线长 *L*、外距 *E*、切曲差 *D* 和主点里程。

(2)在 *JD* 处安置仪器瞄准 *ZY* 方向,测设切线长 *T* 得到曲线起点 *ZY*。

(3)瞄准 *YZ* 方向,在此方向上测设切线长 *T* 得到曲线终点 *YZ*。

(4)瞄准角平分线方向,在此方向上测设外距 *E* 得到曲线中点 *QZ*。

2. 详细测设

(1)用偏角法测设圆曲线

①在 ZY 点安置全站仪,瞄准 JD,置水平度盘为 0°00′00″,右转照准部使读盘读数为 φ_1,在此方向上测设弦长 C_1 标定出 1 点位置。

②继续转动照准部使读数对准偏角 φ_2,用钢尺从 1 点量弦长 C 与方向线相交得到 2 点,依次测设其他各点。最后测设 QZ 点(水平度盘 $a/4$)作为检核。

(2)切线支距法测设圆曲线

①用钢尺在切线上测设距离 x_1、x_2…,并在地面上标出垂足 N_1、N_2…。

②在 N_1,N_2…处安置全站仪测设切线的垂线并分别测设距离 y_1,y_2…,标定细部点 1,2…。

四、任务工作单(表 5-5)

表 5-5 任务工作单

学习情境:道路工程测量	班级		日期	
	姓名			
工作任务:道路中线测量	学号		评分	

1. 任务内容

(1)道路平面线形的种类。

(2)中线测量的各种任务。

2. 基本知识

(1)道路平面线形的种类。

(2)实地定交点、转点。

(3)转角的测定,里程桩的设置。

(4)各种曲线的测设方式。

3. 任务实施

(1)在老师的指导下布设一条道路的交点,至少两个交点以上,必须圆曲线和缓和曲线各测设一个。

(2)按测量方案完成道路中线的测量及相关数据的计算,并绘制一张平面图。

(3)测量工作完成后,还应按一定的检校方法对测量结果进行检查,确保测量结果的正确性及精度。养成检校的习惯,组与组之间要多交流,共同探讨,获取处理及测量结果的整理方法。

(4)完成本任务的测量数据的处理及成果的整理。

4. 任务小结

通过此工作任务的实施,各小组集中完成下述工作。

(1)你认为本次教学是否达到预期目的,还有什么意见和建议?

(2)公路中线测量的主要任务是什么?

(3)已知路线导线的右角 β:(1)β=220°32′;(2)β=132°36′。试计算路线转角值,并说明是左转角还是右转角。

(4)何谓整桩号法设桩?何谓整桩距法设桩?各有什么特点?

(5)在道路中线测量中,已知交点里程桩号为 K8+335.46,测得转角 α 左=15°28′,圆曲线半径 R=500 m,若采用切线支距并按整桩号设桩,试计算各桩坐标,并说明测设方法。

表(续)

(6)已知交点的里程桩号为 K10+810.78,测得转角 α 左 = 15°16′,圆曲线半径 R = 300 m,若采用偏角法按整桩号设桩,试计算各桩的偏角及弦长,并说明测设步骤。
(7)在公路中线测量中,已知交点的里程桩为 K15+310.56,转角 α 左 = 30°16′,圆曲线半径 R = 300 m,缓和曲线长 l_s 采用 75 m,试计算该曲线的测设元素、主点里程,并说明主点的测设方法

实操一　道路圆曲线测设

一、实训目的

(1)圆曲线主点要素的计算及测设主点的方法。

(2)偏角法、切线支距法测设细部点。

二、实训工具及设备

1. 仪器和工具

全站仪 1 套、棱镜及杆 2 套、记录板 1 块、测伞 1 把。

2. 场地由指导老师指定实训场地,要求曲线长度大于 50 m。

三、实训注意事项

测设 3 个主点桩时应用盘左、盘右取中点。

四、实训内容

(一)主点测设

(1)根据场地选取适当半径 R 和转角 a,计算切线长 T、曲线长 L、外距 E、切曲差 E 和主点里程。

(2)在 JD 处安置仪器瞄准 ZY 方向,测设切线长 T 得到曲线起点 ZY。

(3)测设 180°−a,在此方向上测设切线长 T 得到曲线终点 YZ。

(4)瞄准 YZ 点,测设 1/2(180°−a),在此方向上测设外距 E 得到曲线中点 QZ。

(二)用偏角法测设圆曲线

(1)在 ZY 点安置全站仪,瞄准 JD,置水平度盘为 0°00′00″,右转照准部使读盘读数为 φ_1,在此方向上测设弦长 $C1$ 标定出 1 点位置。

(2)继续转动照准部使读数对准偏角 φ_2,用钢尺从 1 点量弦长 C 与方向线相交得到 2 点,依次测设其他各点。最后测设 QZ 点(水平度盘 a/4)作为检核。

(三)切线支距法测设圆曲线

(1)用钢尺在切线上测设距离 x_1,x_2…,并在地面上标出垂足 N_1,N_2…。

(2)在 N_1,N_2…处安置全站仪测设切线的垂线并分别测设距离 y_1,y_2…,标定细部点 1,2…。

五、实训教学考核评定

圆曲线测设记录见表 5-6。

表 5-6　圆曲线测设记录表

日期　　　　　　　　班级　　　　　　　　小组　　　　　　　　姓名

曲线半径 R		切曲差 $D=2T-L$		曲线长 $L=Ra(\pi/180°)$		中点 $QZ=ZY+(L/2)$	
切线长 $T=R\text{tg}(a/2)$		起点 $ZY=JD-T$		外距 $E=R[\sec(aa/2)-1]$		终点 $YZ=ZY+L$	

点名	里程桩号	弧长/m	支距法		偏角法	
			X/m	Y/m	弧长/m	偏角/(°　′　″)

工作任务二　道路纵断面测量

一、任务概述

(一)应知应会

通过本工作任务的学习与具体实施,学生应学会下列知识。

(1)道路纵断面测量的内容和计算。

(2)道路纵断面的测设方法和放样方法。

通过本工作任务的学习与具体实施,学生应掌握下列技能。

(1)道路纵断面测量的计算。

(2)基平测量的方法。

(3)中平测量方法

(4)能熟练绘制道路纵断面图。

(二)学习要求

(1)学生在上课前,应到本课程的网站中预习本工作任务的相关内容。

(2)本课程采用理实一体化的模式组织教学,学生在学习过程中,要注重理论与实践的结合，提高自己的动手能力。

(3)每个工作任务学习结束后，学生应独立完成任务工作单的填写。

二、相关知识

公路纵断面测量又称公路中线水准测量，它的任务是在公路中线测定之后，测定中线上各里程桩（简称中桩）的地面高程，为绘制路线纵断面图提供基础资料，用以表示沿公路中线位置的地形起伏状态，主要用于公路路线的纵坡设计。

(一)公路纵断面测量

为了提高测量精度和有效地进行成果检核，根据由“由整体到局部、先控制后碎部”的测量原则，公路纵断面测量一般分为两步进行，首先是沿线路方向设置若干水准点，并测定其高程，从而建立路线高程控制，称为基平测量；然后是根据基平测量建立的水准点及其高程，分段进行水准测量，测定各里程桩的地面高程，即中桩高程测量，亦称为中平测量。对于各级公路及构造物的高程控制测量等级，不得低于表 5-7 的规定。

表 5-7 公路工程高程控制测量等级选用

高架桥、路线控制测量	多跨桥梁总长 L/m	单跨桥梁长 L_K/m	隧道贯通长度 L_G/m	测量等级
—	$L \geqslant 3\ 000$	$L_K \geqslant 500$	$L_G \geqslant 6\ 000$	二等
—	$1\ 000 \leqslant L < 3\ 000$	$150 \leqslant L_K < 500$	$3\ 000 \leqslant L_G < 6\ 000$	三等
高架桥、高速、一级公路	$L < 1\ 000$	$L_K < 150$	$L_G < 3\ 000$	四等
二、三、四级公路	—	—	—	五等

1. 基平测量

水准点是公路路线高程测量的控制点，在勘测和施工阶段都要长期使用，因此其位置应选在稳固、醒目、便于引测以及施工时不易遭受破坏的地方，一般距中线 50~100 m 为宜。水准点的密度应根据地形情况和工程需要而定，平原地区一般为 1 km 左右，山岭地区一般为 500 m 左右。

水准点的设置分为永久性水准点和临时性水准点。一般规定，在路线的起点、终点、大桥两岸、隧道两端、垭口以及一些需要长期观测高程的重点工程附近均应设置永久性水准点。为便于引测，需沿路线方向布设一定数量的临时性水准点。

基平测量时，应将起始水准点与附近国家水准点进行联测，以获取水准点的绝对高程。如有可能，应尽量与附近的国家水准点联测，形成附合水准路线，以获得更多的校核条件。当路线附近没有国家水准点或联测有困难时，则可用 GPS 测量仪器获得某点高程作为起始水准点的绝对高程。

对于五等的水准点高程测量，一般采用一台水准仪在两个相邻的水准点间作往返观测，也可用两台水准仪作同向单程观测。

基平测量过程中，无论采用一台仪器往返观测，还是两台仪器同向单程观测所得高差的不符值，不得超过表 5-8 的规定。

表 5-8 水准测量精度

等级	每公里高差中数中误差/mm		往返较差、附合或环线闭合差/mm		检测已测测段高差之差/mm
	偶然中误差	全中误差	平原地区	山岭地区	
三等	±3	±6	$\pm12\sqrt{L}$	$\pm3.5\sqrt{n}$或$\pm15\sqrt{L}$	$\pm20\sqrt{L_i}$
四等	±5	±10	$\pm20\sqrt{L}$	$\pm6\sqrt{n}$或$\pm25\sqrt{L}$	$\pm30\sqrt{L_i}$
五等	±8	±6	$\pm30\sqrt{L}$	$\pm45\sqrt{L}$	$\pm40\sqrt{L_i}$

注：计算往返较差时，L 为水准点间的路线长度(km)；计算附合或闭合差时，L 为附合或环线的路线长度(km)；n 为测站数；L_i 为检测测段长度(km)。

若高差不符值在规定的限差范围之内，取平均值作为两水准点间的高差，超限时应查明原因进行重测。

2. 中平测量

中平测量是根据基平测量提供的水准点高程，按附合水准路线逐点施测中桩的地面高程。

中平测量一般是以两相邻水准点为一测段，从一个水准点开始，逐个测定中桩处的地面高程，直至附合到下一个水准点上。在每一个测站上，应尽量多的观测中桩，还需在一定距离内设置转点。相邻两转点间所观测的中桩，称为中间点。由于转点起着传递高程的作用，在测站上应先观测转点，后观测中间点。观测转点时读数至毫米，视线长度一般应不大于 150 m，水准尺应立于尺垫、稳固的桩顶或坚石上。中间点读数可读至厘米，视线也可适当放长，立尺应紧靠桩边的地面。

如图 5-19 所示在两水准点 BM_1 和 BM_2 间进行中平测量，在Ⅰ站安置水准仪，后视水准点 BM_1，前视转点 ZD_1 将读数分别记入表 5-7 中相应的后视和前视栏内。然后观测 BM_1 与 ZD_1 间的中间点 KO+000、+020、+040、+060、+080，并将读数分别记入相应的中视栏，再将仪器搬至Ⅱ站，后视转点 ZD_1，前视转点 ZD_2，然后观测各中间点+100，+120，+140、+160、+180，将读数分别记入后视、前视和中视栏。按上述方法继续往前测，直至附合于水准点 BM_2，完成整段的观测。

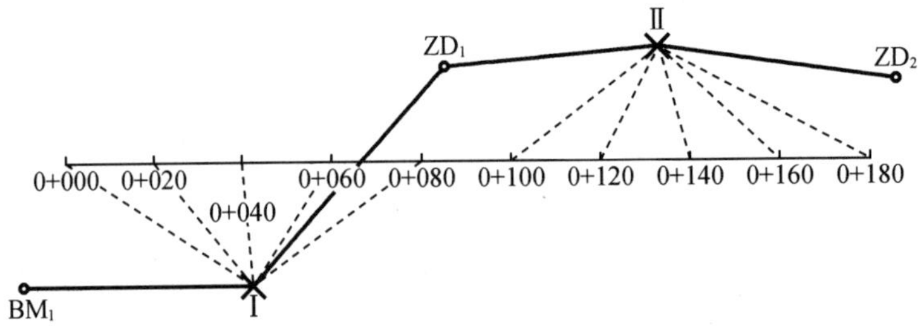

图 5-19 中平测量

中平测量只作单程观测。一测段结束后，应先计算中平测量的该测段两端水准点高差。并将其与基平所测该测段两端水准点高差进行比较，二者之差称为测段高差闭合差。铁路、高速公路、一级公路一般不得大于±30$\sqrt{L}$mm，二级及二级以下公路一般不得大于±50$\sqrt{L}$mm（L以km计），在容许范围内，即可进行中桩地面高程的计算。否则，应查出原因给予纠正或重测。中桩地面高程误差对于铁路、高速公路、一级公路不得超过±5 cm，其他线路不得超过±10 cm。

中桩的地面高程以及前视点高程应按所属测站的视线高程进行计算。每一测站的计算按下列公式进行：

$$视线高程=后视点高程+后视读数$$
$$中桩高程=视线高程-中视读数$$
$$转点高程=视线高程-前视读数$$

表 5-9　中平测量记录计算表

测点	水准尺读数/m			视线高程/m	测点高程/m	备注
	后视 a	中视 k	前视 b			
BM1	2.191			514.505	512.314	BM1 高程为基平所测。基平测得 BM2 高程为 524.808 m。
KO+000		1.62			512.89	
+020		1.90			512.61	
+040		0.62			513.89	
+060		2.03			512.48	
+080		0.90			513.61	
ZD1	3.162		1.006	516.661	513.499	
+100		0.50			516.16	
+120		0.52			516.14	
+140		0.82			515.84	
+160		1.20			515.46	
+180		1.01			515.65	
ZD2	2.246		1.521	517.386	515.140	
…	…	…	…	…	…	
K1+240		2.32			523.06	
BM2			0.606		524.782	

复核：Δh 测=524.782-512.314=12.468(m)

$\sum a-\sum b$=(2.191+3.162+2.246+…)-(1.006+1.405+1.521+…+0.606)=12.468(m)；说明高程计算无误。

fh=524.782-524.808=-0.026(m)=-26(mm)

fh 容=±50$\sqrt{L}$=±50$\sqrt{1.24}$≈±56(mm)(按二级公路要求)，fh<fh 容，说明满足精度要求

(二)纵断面图的绘制

纵断面图是沿中线方向绘制的反映地面起伏状态和纵坡设计的线状图,它反映出各路段纵坡的大小和中线位置处的填挖尺寸,是公路设计和施工中的重要资料。

纵断面图采用直角坐标法绘制,横坐标表示里程,纵坐标表示高程。绘图时,为了明显反映地面的起伏变化,通常使高程比例尺比里程比例尺大 10 倍。常用的里程比例尺有 1∶5 000、1∶2 000、1∶1 000 几种。

1. 纵断面图的内容

如图 5-20 所示,在图的上半部,从左至右有两条贯穿全图的线。一条是细的折线,表示中线方向的实际地面线,它是根据中平测量的中桩地面高程绘制的。图中另一条是粗线,是包含竖曲线在内的纵坡设计线,是在设计时绘制的。此外,图上还注有水准点的位置、编号和高程,桥涵的类型、孔径、跨数、长度、里程桩号和设计水位,竖曲线示意图及其曲线元素,同公路、铁路交叉点的位置、里程及有关说明。

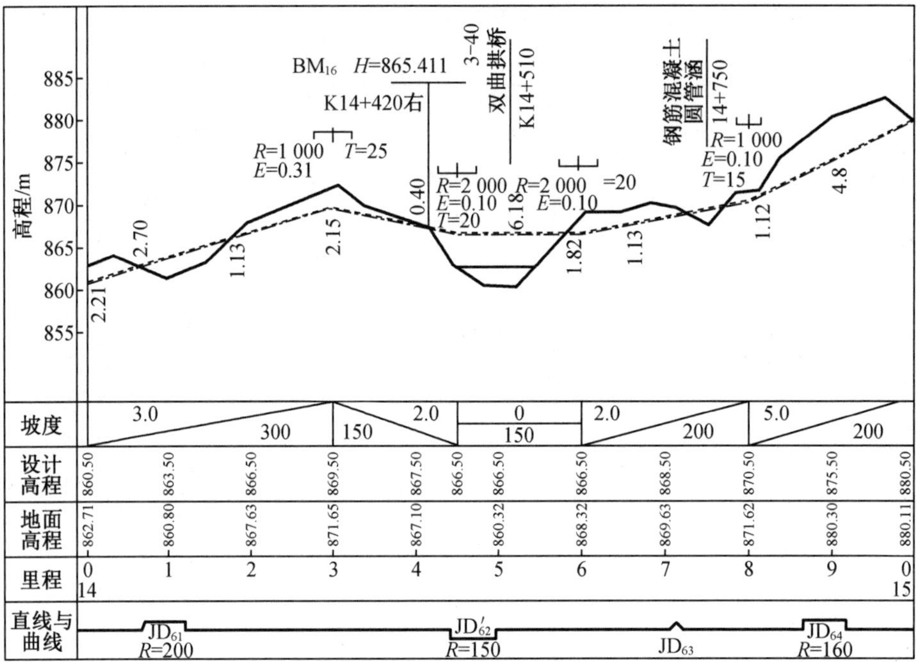

图 5-20　道路纵断面图

图的下部注有有关测量及纵坡设计的资料,主要包括以下内容。

(1)直线与曲线

根据中线测量资料绘制的中线示意图。图中路线的直线部分用直线表示;圆曲线部分用折线表示,上凸表示路线右转,下凹表示左转,并注明交点标号和圆曲线半径;带有缓和曲线的平曲线还应注名长度,用梯形折线表示;在转角过小而不设曲线的交点位置,用锐角折线表示。

(2)里程

根据中线测量资料绘制的里程数。为使纵断面图清晰起见,图上按里程比例尺只标注百米里程(数字 1–9 注写)和公里桩的里程。

(3)地面高程

根据中平测量结果填写相应里程桩的地面高程数值。

(4)设计高程

根据设计纵坡计算的各里程桩处的对应高程。

(5)坡度

表示中线设计线的坡度大小。从左至右向上倾斜的直线表示上坡(正坡),向下倾斜的表示下坡(负坡),水平的表示平坡。斜线或水平线上面的数字是以百分数表示的坡度大小,下面的数字表示坡长。

(6)土壤地质说明

标明路段的土壤地质情况。

2. 纵断面图的绘制步骤

(1)按照选定的里程比例尺和高程比例尺打格制表,填写里程、地面高程、直线与曲线、土壤地质说明等资料。

(2)绘出地面线。首先确定起始高程在图上的位置,使绘出的地面线在图上的位置适中。一般将 10 m 整数倍的高程定在 5 cm 方格的粗线上,以便于绘图和阅图。然后根据中桩的里程和高程,在图上按纵、横比例尺依次点出各中桩的地面位置,再用直线将相邻点一个个连接起来,就得到地面线。在高差变化较大的地区,地面线可能超出图幅限制,可在适当地段变更图上高程起算位置,此时地面线将形成台阶形式。

(3)计算设计高程。当路线的纵坡确定后,即可根据设计纵坡和两点间的水平距离,由一点的高程计算另一点的设计高程。

(4)计算填挖尺寸。同一个桩号的设计高程与地面高程之差即为该桩号的填土高度(正号)或挖土深度(负号)。

(5)在图上注记有关资料,如水准点、桥涵、竖曲线等。

三、任务实施

(一)准备工作

(1)领取仪器:水准仪 1 套、水准尺 2 把、记录板 1 块。

(2)恢复上一任务的路线中线桩。

(二)实施过程

1. 基平测量

由已知水准点 BMA 出发,采用变更仪器高的测量方法依次测出待测高程控制点 BM1、BM2、BM3 的高程,水准点的布设密度既间隔距离根据规范设定。

2. 中平测量

测量时将仪器安置在Ⅰ处,由已知水准点 BMA 将高程传递到前视点 ZD1,再由仪高法水准测量读出各里程桩(0+000、0+020、0+040…)的读数,这些点上的读数称为中视;再将仪器安置在Ⅱ处,以ZD1为后视,ZD2为前视,而0+140~0+200…为中视,同法向前施测,最后附和至前方水准点BM2。同法继续向前施测,直至完成整条路线的纵断面测量(表5-10)。

表5-10　测量结果

测点	水准尺读数/m			视线高程/m	测点高程/m	备注
	后视 a	中视 k	前视 b			

复核:Δh 测=

$\sum a - \sum b =$

fh=

fh 容$=\pm 50\sqrt{L}$

3. 绘制纵断面图

略

四、任务工作单(表 5-11)

表 5-11　任务工作单

学习情境:道路工程测量	班级		日期	
	姓名			
工作任务:道路纵断面测量	学号		评分	

1. 任务内容

(1)纵断面测量的任务。

(2)基平、中平的测量方法。

(3)绘制纵断面图。

2. 基本知识

(1)纵断面测量的任务。

(2)基平测量方法。

(3)中平测量方法。

(4)绘制纵断面图。

3. 任务实施

(1)在老师的指导下布设上一任务中道路的附和水准路线。

(2)按测量方案完成道路基平和中平的测量及相关数据的计算,并绘制一张纵断面图。

(3)测量工作完成后,还应按一定的检校方法对测量结果进行检查,确保测量结果的正确性及精度。养成检校的习惯,组与组之间要多交流,共同探讨,获取处理及测量结果的整理方法。

(4)完成本任务的测量数据的处理及成果的整理。

4. 任务小结

通过此工作任务的实施,各小组集中完成下述工作。

(1)你认为本次教学是否达到预期目的,还有什么意见和建议?

(2)在中平测量之前,为什么要进行基平测量?

(3)如何进行纵断面图的绘制

(4)某路线起点的中平测量如图示,请计算测量结果。

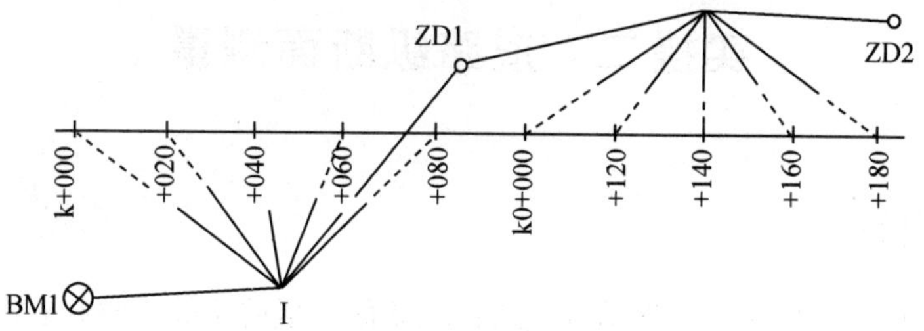

表 5-11(续)

中平测量记录计算表

测点	水准尺读数(m)			视线高程(m)	测点高程(m)	备注
	后视 a	中视 k	前视 b			
BM_1	2.256				102.338	BM_1 高程为已知 求各中桩及 ZD_1 和 ZD_2 的高程。
KO+000		1.33				
+020		1.65				
+040		2.03				
+060		1.67				
+080		0.89				
ZD_1	3.887		1.668			
+100		2.11				
+120		1.26				
+140		1.38				
+160		1.86				
+180		1.69				
ZD_2	2.987		1.369			
…	…	…	…	…	…	
K1+240		1.89				
BM_2			2.115			

复核:Δh 测 =

$\sum a - \sum b =$

$fh =$

实操二　道路纵断面测量

一、实训目的

(1)明确在建立高程控制点的基础上进行纵断面测量的实施步骤和要求。

(2)掌握测量数据的处理方法及纵断面图的绘制。

二、实训工具及设备

(1)仪器和工具。自动安平水准仪 1 套、水准尺 2 根、记录板 1 块、尺垫 1 对。

(2)场地由指导老师指定实训场地,在测区内画好 0+000~0+700 线路中每 20 m 一个桩号,用红油漆或木桩标示出来。

三、实训注意事项

(1)基平测量数据整理时,同一测段往返高差取平均,推算出各水准点高程。

(2)中平测量据整理时,中视读数读到 cm 即可。

(3)中平测量时,每到一个水准点都必须进行按照附和水准路线进行检核。

四、实训内容

(一)基平测量

由已知水准点 BMA 出发,采用四等水准的测量方法依次测出待测高程控制点 BM_1、BM_2、BM_3 的高程,水准路线采用支水准测量,水准点的布设密度既间隔距离根据规范设定。

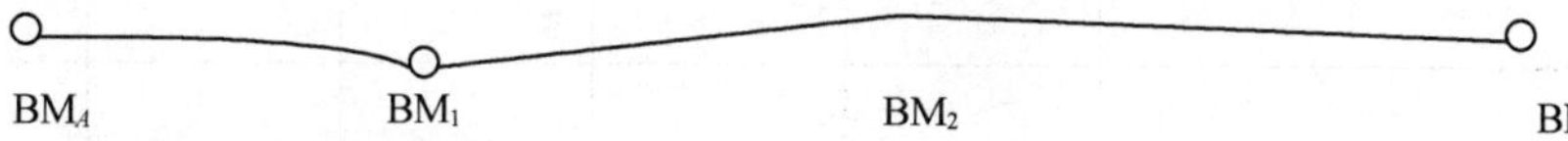

(二)中平测量

测量时将仪器安置在Ⅰ处,由已知水准点 BM_A 将高程传递到前视点 ZD_1,再由仪高法水准测量读出各里程桩(0+000、0+020、0+040…)的读数,这些点上的读数称为中视;再将仪器安置在Ⅱ处,以 ZD_1 为后视,ZD_2 为前视,而 0+140~0+200…为中视,同法向前施测,最后附和至前方水准点 BM_2。同法继续向前施测,直至完成整条路线的纵断面测量。

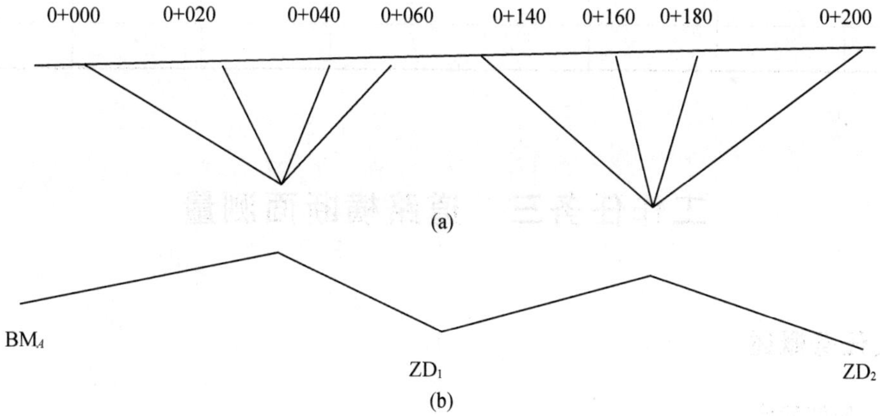

五、实训教学考核评定(表 5-12)

表 5-12　实训教学考核评定表

水准点	桩号	水准尺读数/m			高差/m	视线高/m	高程/m
		后视	中视	前视			

工作任务三　道路横断面测量

一、任务概述

(一)应知应会

通过本工作任务的学习与具体实施,学生应学会下列知识。

(1)道路横断面测量的内容和计算。

(2)道路横断面的测设方法和放样方法。

通过本工作任务的学习与具体实施,学生应掌握下列技能。

(1)道路横断面测量的各种方法。

(2)能熟练绘制道路纵断面图。

(二)学习要求

(1)学生在上课前,应到本课程的网站中预习本工作任务的相关内容。

(2)本课程采用理实一体化的模式组织教学,学生在学习过程中,要注重理论与实践的结合,提高自己的动手能力。

(3)每个工作任务学习结束后,学生应独立完成任务工作单的填写。

二、相关知识

公路横断面测量是测定中桩两侧垂直于中线方向地面变坡点的距离和高差,并绘制横断面图,为路基设计、计算土石方数量以及施工放边桩等提供基础资料。

(一)公路横断面测量内容

由于横断面测量是测定中桩两侧垂直于中线的地面线,因此首先要确定横断面的方向,然后在此方向上测定地面坡度变化点的距离和高差。横断面测量的宽度,应根据路线工程宽度、填挖高度、边坡大小、地形情况以及有关工程的特殊要求而定,一般要求中线两侧各测50~100 m。横断面测绘的密度,除各中桩应施测外,在大、中桥头、隧道洞口、挡土墙等重点工程地段,可根据需要加密。对于地面点距离和高差的测定,一般只需精确至0.1 m。

(二)横断面方向的测定

由于公路中线是由直线段和曲线段构成的,而直线段和曲线段上的横断面标定方法是不同的,分述如下。

1. 直线段上横断面方向的测定

直线段横断面方向与路线中线垂直,一般采用方向架测定。如图5-21所示,将方向架置于待标定横断面方向的桩点上,方向架上有两个相互垂直的固定片,用其中一个固定片瞄准该直线段上任一中桩,另一个固定片所指方向即为该桩点的横断面方向。

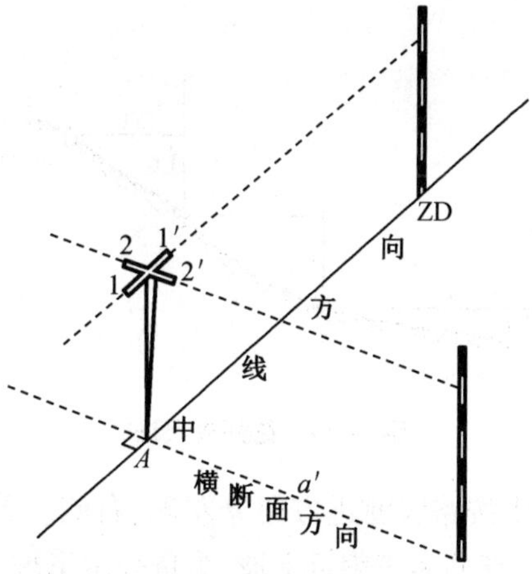

图5-21　直线上的横断面方向

2. 圆曲线段上横断面方向的测定

圆曲线段上中桩点的横断面方向为垂直于该中桩点切线的方向。由几何知识可知,圆曲线上一点横断面方向必定沿着该点的半径方向。测定时一般采用求心方向架法，即在方向架上安装一个可以活动的方向片，并有一固定螺旋可将其固定。如图 5-22 所示。

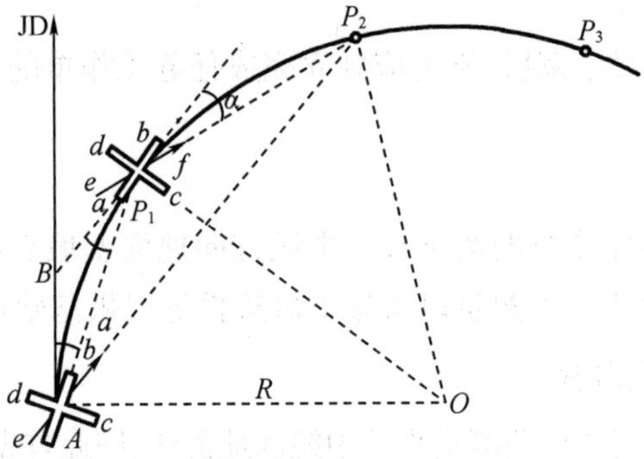

图 5-22　圆曲线上横断面方向

3. 缓和曲线段上横断面方向的测定

缓和曲线段上中桩点处的横断面方向是通过该点曲率半径的方向，即垂直于该点切线的方向。

(三) 横断面的测量方法

1. 花杆皮尺法

花杆皮尺法是用一根标杆和一卷皮尺测定横断面方向上的两相邻边坡点的水平距离和高差的一种简易方法。

如图 5-23 所示，$A,B,C,\cdots$为横断面方向上所选定的变坡点，将花杆立于 A 点，从中桩处地面将尺拉平量出至 A 点的水平距离，并测出皮尺截于花杆位置的高度，即 A 点相对于中桩地面的高差。同法可测得 A 至 B、B 至 C……的距离和高差，直至所需要的宽度为止。中桩一侧测完后再测另一侧。

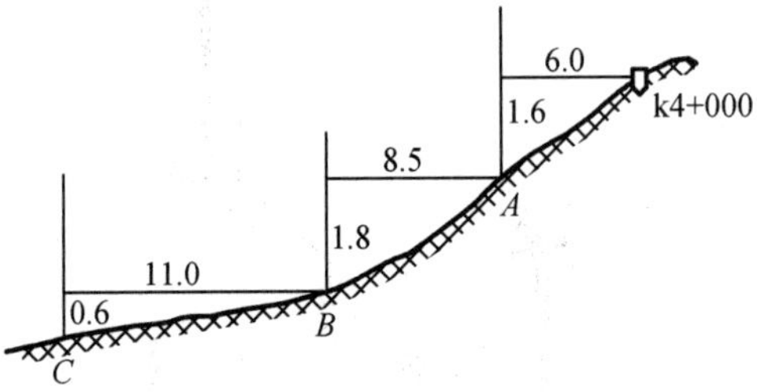

图 5-23　花杆皮尺法

记录表格见表 5-13，表中按路线前进方向分左侧、右侧。分数的分子表示测段两端的高差，分母表示其水平距离。高差为正表示上坡，为负表示下坡。

表 5-13　横断面测量(花杆皮尺法)记录表

左侧	里程桩号	右侧
… …		… …
$\frac{-0.6}{11.0}$ $\frac{-1.8}{8.5}$ $\frac{-1.6}{6.0}$	K4+000	$\frac{+1.5}{4.5}$ $\frac{+0.8}{4.6}$ $\frac{+1.6}{7.0}$
… …		… …

2. 水准仪法

水准仪皮尺法是利用水准仪、水准尺和皮尺,按水准测量的方法测定各变坡点与中桩点间的高差,用皮尺丈量地面上两点的水平距离的方法。

3. 经纬仪法

经纬仪法是指在地形复杂,山坡较陡的地段采用经纬仪按视距测量的方法测得各变坡点与中桩点间的水平距离和高差的一种方法。施测时,将经纬仪安置在中桩点上,用视距法测出横断面方向各变坡点至中桩的水平距离和高差。

4. 全站仪法

利用全站仪的对边测量功能可测得横断面上各点相对中桩的水平距离和高差。

(四)横断面图的绘制

横断面一般采取在现场边测边绘的方法,这样即可省略记录工作,也能及时在现场核对,减少差错。如遇天气不良等情况不便现场绘图时,也可在现场记录,回到室内绘图,再到现场核对。

横断面图的比例尺通常采用 1∶100 或 1∶200。绘图时以一条纵向粗线为中线,以纵横线相交点为中桩位置,向左右两侧绘制。先标注中桩的桩号,再根据水平距离和高差,将变坡点绘在图纸上,然后再将这些点连接起来,即得到横断面的地面线。

如图 5-24 为公路横断面图,折线即为横断面测量所得的地面线。

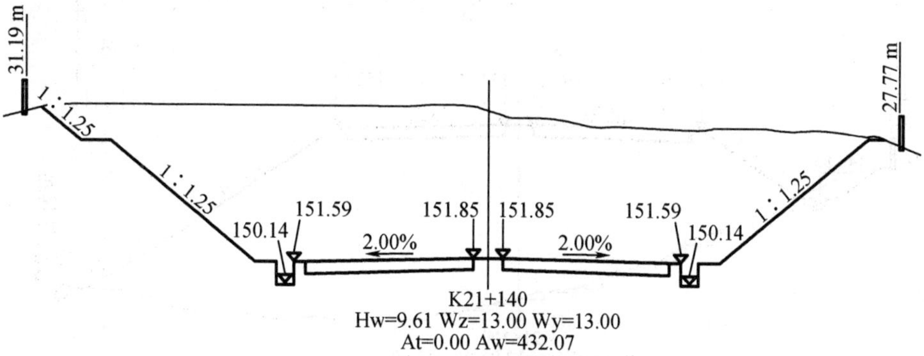

(a)

图 5-24　公路横断面图

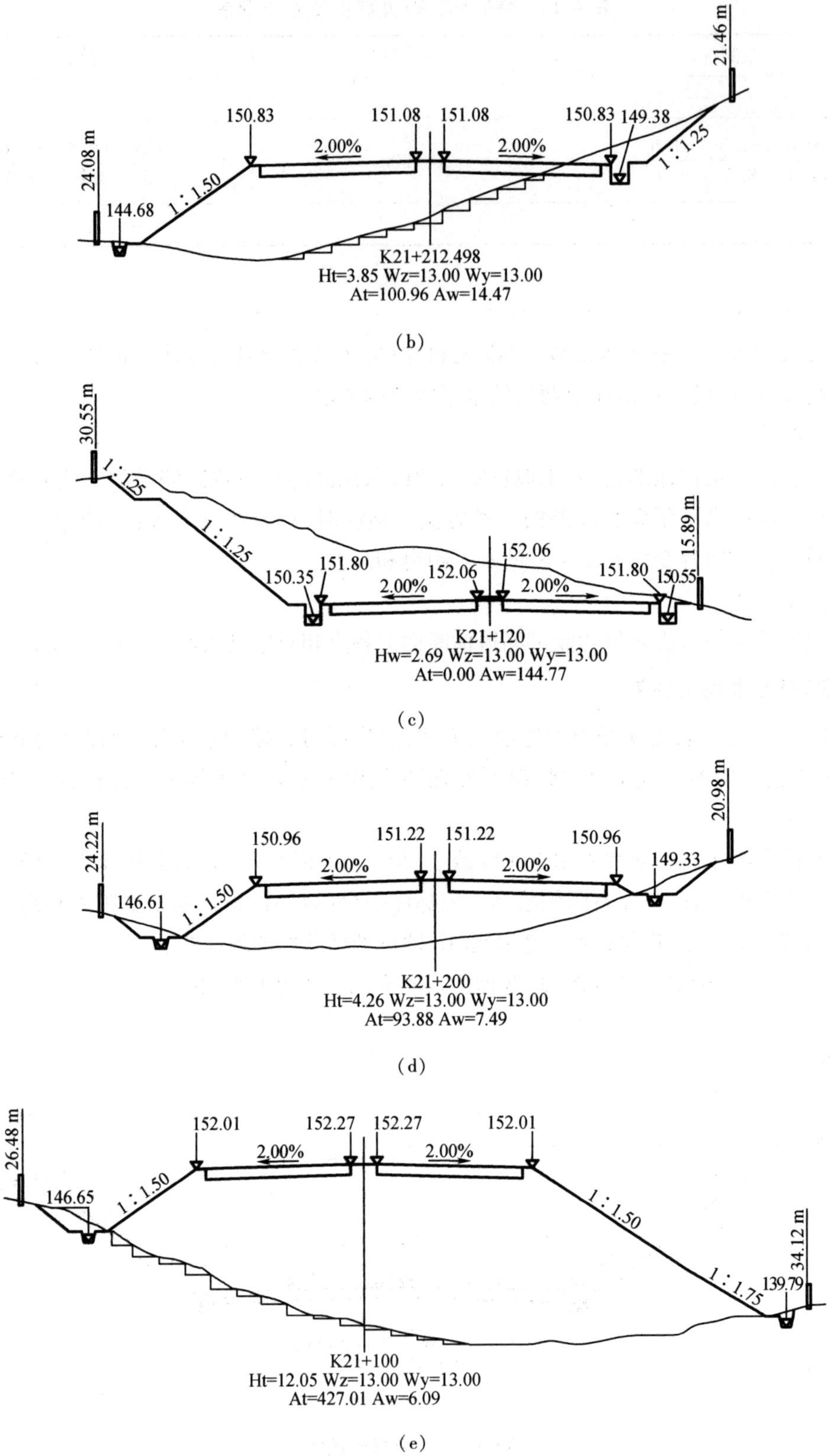
21.46 m
24.08 m
150.83
151.08
151.08
150.83
149.38
2.00%
2.00%
1：1.50
1：1.25
144.68
K21+212.498
Ht=3.85 Wz=13.00 Wy=13.00
At=100.96 Aw=14.47
(b)
30.55 m
1：1.25
1：1.25
15.89 m
152.06
151.80
152.06
151.80
150.35
150.55
2.00%
2.00%
K21+120
Hw=2.69 Wz=13.00 Wy=13.00
At=0.00 Aw=144.77
(c)
20.98 m
24.22 m
150.96
151.22
151.22
150.96
149.33
2.00%
2.00%
146.61
1：1.50
K21+200
Ht=4.26 Wz=13.00 Wy=13.00
At=93.88 Aw=7.49
(d)
26.48 m
152.01
152.27
152.27
152.01
2.00%
2.00%
146.65
1：1.50
1：1.50
1：1.75
34.12 m
139.79
K21+100
Ht=12.05 Wz=13.00 Wy=13.00
At=427.01 Aw=6.09
(e)

图 5-24(续 1)

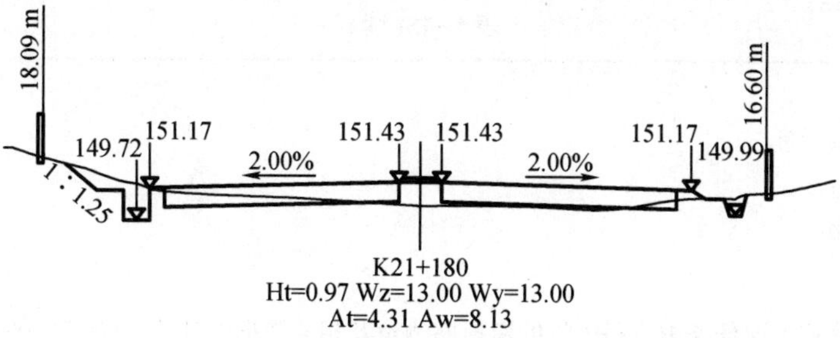

(f)

图 5-24(续 2)

三、任务实施

(一)准备工作

(1)领取设备:花杆 3 根、卷尺 1 副、方向架 1 个、记录板 1 块。

(2)恢复任务一的路线中桩。

(二)实施过程

(1)用花杆皮尺法,在具有典型地形特征的断面处用皮尺拉平,读出平距,读至 0. 1 m。用花杆比出高差,估读至 0. 05 m。依次读出所有中桩的横断面数据(表 5-14)。

表 5-14　横断面测量(花杆皮尺法)记录表

左测	里程桩号	右侧

2. 绘制横断面图。

四、任务工作单(表 5-15)

表 5-15　任务工作单

学习情境:道路工程测量 工作任务:道路横断面测量	班级		日期	
	姓名			
	学号		评分	

1. 任务内容

(1)横断面断面测量的任务。

(2)横断面测量方法。

(3)绘制横断面图

表 5-15(续)

2. 基本知识 (1)横断面测量的任务。 (2)横断面测量方法。 (3)绘制横断面图。 3. 任务实施 (1)按测量方案完成上面任务中道路中桩的横断面测量及相关数据的计算,并绘制一张横断面图。 (2)测量工作完成后,还应按一定的检校方法对测量结果进行检查,确保测量结果的正确性及精度。养成检校的习惯,组与组之间要多交流,共同探讨,获取处理及测量结果的整理方法。 (3)完成本任务的测量数据的处理及成果的整理。 4. 任务小结 通过此工作任务的实施,各小组集中完成下述工作。 (1)你认为本次教学是否达到预期目的,还有什么意见和建议? (2)横断面测量有几种方法? 各种方法的测量步骤? (3)横断面图怎样绘制

实操三　道路横断面测量

一、实训目的

(1)横断面测量的实施步骤和要求。

(2)掌握测量数据的处理方法及横断面图的绘制。

二、实训工具及设备

1. 仪器和工具

自动安平水准仪 1 套、水准尺 2 根、记录板 1 块、尺垫 1 对 、皮尺、花杆。

2. 场地

由指导老师指定实训场地,在测区内的前面已经测完纵断面 0+000~0+700 线路中任选其中 6 个具有典型地形特征的断面进行施测,左右断面各测 20 m 宽。

三、实训注意事项

(1)横断面测量记录时,将小的桩号写在表的下方,由下往上记录,以方便检查路线的左右断面是否与所测数据相符,不可将路线左右断面弄反。

(2)横断面测量记录时,所记平距和高差是相邻变坡点间的距和高差,而不是各点到路中心处的累积数据。

四、实训内容

1. 花杆皮尺法

在 6 个具有典型地形特征的断面处用皮尺拉平，读出平距，读至 0.1 m。用花杆比出高差，估读至 0.05 m。如图所示为横断面测量图。

2. 视距法

选择一适当位置架设水准仪，在中桩处竖尺，读取读数，然后在横断面方向上的地形变化处分别竖立水准尺，并读出水准仪读数，同时量取各变坡点至中桩的距离，即可得变坡点至中桩点的距离和高差。

3. 全站仪法

将全站仪安置在通视良好的高处，利用全站仪的坐标测量功能测定各横断面变坡点的三维坐标，然后利用计算机绘图软件处理成图。

五、实训教学考核评定(表 5-16)

表 5-16　实训教学考核评定表

左断面	中桩号	右断面

参 考 文 献

[1] 王霞.工程测量[M].北京:清华大学出版社,2010.

[2] 赵玉肖,布亚芳.工程测量[M].北京:北京理工大学出版社,2012.

[3] 钟孝顺,聂让.测量学[M].北京:人民交通出版社,2003.

[4] 邹永廉.工程测量[M].武汉:武汉大学出版社,2000.

[5] 顾孝烈,鲍峰,程效军.测量学[M].上海:同济大学出版社,2000.

[6] 潘正风.数字测图原理与方法[M].武汉:武汉大学出版社,2006.

[7] 李峰.工程测量技能测试与辅导[M].北京:中国交通工业出版社,2008.

[8] 中国有色金属工业协会.工程测量标准:GB 50026—2020[S].北京:中国计划出版社,2020.

[9] 中华人民共和国国家质量监督检验检疫总局,中国国家标准化管理委员会.测绘基本术语:GB/T 14911—2008[S].北京:中国标准出版社,2008.

[10] 张正禄.工程测量学的研究发展方向[J].现代测绘,2003,26(3):5.

[11] 韩志刚.测绘新技术在工程测量中的应用与展望[J].广东科技,2010,19(10):2.

[12] 郝宇麟.关于现代公路测量领域中数字化技术的应用[J].黑龙江交通科技,2013(5):2.